깨봉수학

수학이 막히면
깨봉 수학

조봉한 지음

매경주니어 books

수학을 왜 배워야 할까?

안녕하세요? 쉽고 재미있는 깨봉 수학의 세계에 들어온 것을 환영합니다! 수학만 생각하면 머리가 아픈가요? 애초에 수학을 어렵게 배워서 그래요.

어렵고 막막했던 수학, 이제부터 쉽고 재미있게 배워볼 거예요.

먼저 질문 하나 할게요. 여러분은 왜 수학을 배운다고 생각해요? 또
수학을 잘해야 하는 이유는 뭘까요?

앞으로는 인공지능 세상에서 살
아가게 될 거예요. 사람들이 하
는 많은 일을 인공지능이 해주
게 되죠. 운전도 해주고, 병을 고
치는 수술도 해주고, 공부도 가
르쳐주고, 영어를 우리말로 번역
해줄 거예요.

이렇게 사람의 일을 다 해주니까 사람은 인공지능이 할 수 없는 일을 잘해야 하고, 더 나아가 인공지능을 만들어내는 일을 해야 해요.

수학을 잘 익히면 스스로 생각하는 힘, 기계를 지배할 수 있는 상상력과 창의력이 생겨나죠. 인공지능도 수학으로 만들어낼 수 있어요.

이 책에서는 꽉 막힌 수학 개념을 이미지로 시원하게 꿰뚫는 과정을 알려줄 거예요 수학이 막막한 이유는 공식과 요령으로 문제를 어렵게 풀기 때문이에요 저와 함께 수학이 쉬워지는 의미 깨치기를 연습해봐요. 그러면 '이렇게 쉬운 거였어?' 하고 놀라게 될 거예요. 어려운 공식, 시간 들여 외우지 마세요 수학은 쉽고 빨라야 해요 그럼 이제 시작해 볼까요?

CONTENTS

2부　의미를 꿰뚫으면 답이 그냥 보여요
: 비율과 변화, 평균

1부

공식, 요령은
필요 없어요

: 수와 연산, 방정식

모든 수는 탄생의 비밀을 가지고 있다

이 아이의 아빠는 누구일까요? 하하하! 딱 봐도 알 수 있죠? 완전히 붕어빵이잖아요.

아빠와 아들이 닮는 이유는 무엇일까요? 바로 유전자, DNA 때문이에요. DNA를 통해 닮은꼴이 전달되는 것이죠. 복제라고도 해요.

사람의 DNA는 23쌍으로 이루어진 너무나도 간단한 구조예요. DNA가 지구상 수많은 사람들 속에서 자신만의 독특함을 만들어요. 참 놀랍지 않아요? DNA에 바로 탄생의 비밀이 숨어 있는 것이죠.

우리가 쓰는 수에도 탄생의 비밀이 있어요. 모두 탄생의 비밀이 다르겠죠? 이 세상은 '복제'를 통해 가장 효율적으로 만들어졌어요. 수도 마찬가지랍니다. 가장 기본적인 수 '1'은 당연히 있어야겠죠. 그다음은 복제를 통해서 만들어져요. 가장 효율적인 복제 과정이 바로 DNA인 거죠.

수를 탄생시키는 복제코드
수의 DNA

'10'이란 수를 볼까요? 10을 만들어보면 쉽게 알 수 있어요. 1이 있고, 그다음 2, 3, 4, 5, 6, 7, 8, 9, 10. 이렇게 복제해서 10이 나올 수 있어요.

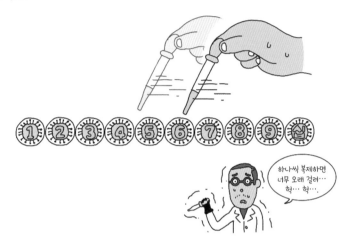

그런데 이 방법은 너무 오래 걸려 효율적이지 못해요. 그럼 어떤 방법이 있을까요? 5까지만 복제하고, 이후로는 전체를 두 개로 복제하는 거예요. 그럼 딱 10이 되죠.

그래서 2와 5가 10의 DNA인 거예요. 곱셈을 떠올려봐요. 우리가 잘 아는 2 곱하기 5가 10이잖아요? 결국 수도 복제의 효율성이 중요하다는 것을 알 수 있죠. 복제 한 번 하는 데 1초가 걸린다고 생각해봐요. 그러면 1을 하나씩 복제해 10까지 만드는 데 9초가 걸려요. 하지만 두 개로 나눠서 하면 5개 복제하는 데 4초가 걸리고, 그다음에 전체가 동시 복제되는 데 1초가 더 걸려서 총 5초면 충분하죠.

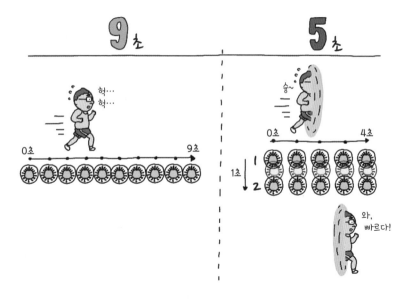

결국 10을 만드는 가장 효율적인 복제 수는 2와 5라는 것을 알 수 있어요. 물론 2와 5의 순서를 바꿔도 상관없어요. 어떤 순서를 먼저 복제하든지 똑같이 10을 만들 수 있으니까요. 그래서 DNA는 순서 상관없이 써도 돼요.

그렇다면 30의 DNA는 어떤지 알아볼까요? 30은 3 곱하기 10, 10을 3개로 복제한 거예요. 그렇다면 3이 30의 DNA가 되겠죠? 이제 10만 효율적으로 만들면 되는데, 이건 앞서 배웠어요. 2와 5라고요. 그래서 30의 DNA는 2, 3, 5예요. $30 = 2 \times 3 \times 5 = 2 \times 5 \times 3$. 이것이 30을 만들어내는 가장 효율적인 복제 방법이에요.

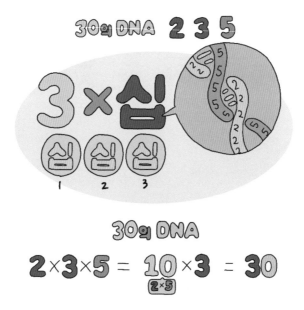

다음 그림처럼 30의 DNA를 복제할 때 드는 시간은 딱 7초(2초+1초 +4초)! 이보다 빠르고 간단한 방법은 없어요. 1을 하나씩 복제해서 30을 만들면 29초나 걸리겠죠? 일일이 더해서 큰 수를 만들기란 매우 힘든 일이에요.

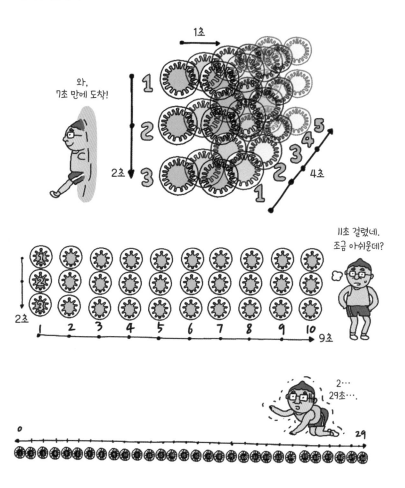

우리 몸속에는 세포가 1,000억 개 정도 있는데요, 이 세포들이 딱 하나씩만 늘어나서 사람이 된다고 생각해보세요. 몇천 년이 지나도 갓 태어난 아기도 안 될걸요.

자, 지금 우리는 중요한 수의 핵심을 꿰뚫었어요. 수의 탄생의 비밀을 깨우친 거죠. 수의 DNA만 알면 수의 개념을 술술 풀 수 있어요. 오늘 배운 수의 DNA는 참 신기할 뿐 아니라 쉽기도 해요. 수의 DNA만 알면 그 수에 대한 모든 것을 파헤칠 수 있어요. 그 수의 형제, 조상, 후손이 누구인지까지! 그걸 우리는 공약수, 공배수라고 해요.

수의 DNA를 찾는 과정을 학교에서는 '소인수분해'라고 해요. 이를 수식으로 옮기면 방정식, 함수, 인수분해까지 연결돼요. 그러면 수학 전체가 쉬워져요.

6 나누기 0으로 깨치는 연산의 원리

수학을 배울 때는 눈으로 보고 귀로 듣고 몸으로 느껴야 해요. 어렸을 때 자전거 타는 법을 한번 잘 배워 놓으면 이후에 몇십 년간 안 타더라도 다시 타면 잘 탈 수 있잖아요? 그것과 같은 이치라고 보면 돼요.

오, 몸이
기억하네~

수학도 그래야 해요. 한번 배울 때 잘 배워야 평생 안 잊어버려요.

자, 문제를 하나 내볼게요. 6 나누기 0은 얼마일까요?

$$6 \div 0 = ?$$

언뜻 대답하기 어렵죠? 많은 사람이 그럴 거예요. 왜 그럴까요? 의미를 모르고 책에 나온 대로 외우기만 해서 그래요. '왜?'라는 생각을 안 한 거죠. 그러다 보니 머리 좋고, 창의력 있는 사람이 오히려 수학을 싫어하게 되는 경우가 생겨버려요.

수학은 고도의 추상적 학문이에요. 실질적 형체가 보이지 않기 때문에 감이 안 올 수 있어요. 그래서 우리는 '추상적'이란 말로 '무시'하죠.

수학

고도의 추상적인 학문

무시

형체를 무시하고 수식만 써놓으면 어떤 의미인지 바로 알기 어려워요. 그래서 우리가 보고 듣고 느낄 수 있는 것으로 바꿔서 다시 배워야 해요. 추상적인 수학의 얘기를 보이는 이미지로 만들어볼까요?

6 나누기 0은 6을 0으로 나누라고 하는 거예요. 나누기는 나누어주라는 뜻이에요. 아주 간단명료하죠. 언제까지 나누어주어야 할까요? 없어질 때까지 나눠줘요.

나누기(÷)란?

나누어준다는 것이다.
없어질 때까지.

자, 먼저 6 나누기 3을 해볼게요. 여기 사과 여섯 개가 있어요 이걸 세 개씩 나누어주면 두 명에게 나누어줄 수 있겠죠? 그래서 답은 2예요.

다음으로 6 나누기 2를 해볼게요 사과 여섯 개를 두 개씩 나누어주는 것이니 세 명에게 줄 수 있겠죠? 그러니 답은 3이에요 6 나누기 1은 한 개씩 여섯 명 모두에게 주면 되는 노릇이니 처음 수인 6이 답이에요. 자, 이제 6 나누기 0을 해봅시다. 사과를 하나 주려는데 0은 '없다'는 뜻이니 사과를 그대로 다시 가져와야 해요. 물론 나눠준 거예요. 또 나누어주려는데 역시 0이니 다시 가져와야죠. 하나 주려다가 가져오고, 주려다가 가져오고…. 나누기는 없어질 때까지 나누어주는 것이라고 했으니 계속 나누어줘야 해요.

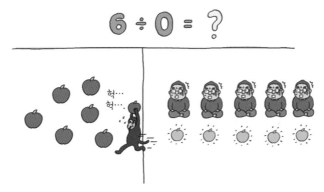

아무리 해도 사과가 6개 남아 있어요. 오늘 나누어주고, 내일도 나누어주고, 아무리 계속 나누어줘도, 심지어 몇천 년이 걸려도 못 나누어주고 사과는 남아 있어요. 6이 그대로예요.

이렇게 평생 나누어주다가 어떻게 돼요? 결국 쓰러져 죽어요. 이건 오류가 난 거예요. 컴퓨터 말로는 에러Error라고 해요. 이제 6 나누기 0을 보면 사과를 나누어주다가 지쳐 쓰러진 원숭이가 생각나겠죠? 불쌍한 원숭이.

이제 풀어서 설명해볼게요. '사과 6개를 0개씩 나누어줘라'고 했는데, 사실 '0개니까 하나도 주지 마라'가 돼요. 나누어주라고 해놓고 주지 말라는 뜻이잖아요. 이를 유식한 말로 '모순'이라고 해요. '나누기 0'이 왜 오류 혹은 불가능인지 아시겠죠? 이렇게 0의 힘은 무척 세서 모든 수를 파괴하곤 해요.

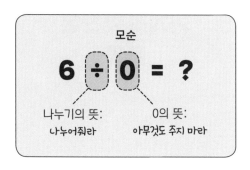

정리하자면, 0으로 나누기는 '나누어줘'와 '아무것도 주지 마'를 동시에 하라는 뜻이에요. 그래서 원숭이가 죽고 마는 거죠. 우리는 이렇게 이미지를 상상해 수학의 의미를 구현해낼 줄 알아야 해요. 그림으로 그려도 보고, 소리도 내보고, 살아 움직이게 하고요. 수학을 배우는 목적은 바로 이러한 상상력을 기르는 것에 있어요. 이제 6 나누기 0은 평생 잊을 수 없겠죠?

기계적 연산은
독약

"문제를 빨리 풀려면 연산 연습을 해야 한다는데, 꼭 그래야 하나요?" 연산에 관한 질문이 많은데요, 그 이유는 기본적으로 연산이 재미없고 싫기 때문에 그래요. 내가 이걸 왜 해야 하는지, 이걸 해서 무엇이 좋은지 모르는 채로 그저 해야만 하니까요. 게다가 "이게 수학인가?" 하는 의문도 생기죠. 연산 문제가 너무 많이 나오니 연산을 그냥 수학이라고 생각해버리기도 하고요. 연산에 대한 이런 생각을 바꿀 필요가 있어요.

그러면 우리는 연산에 어떻게 접근해야 할까요? 연산을 기계적으로만 하면 안 돼요. 재미있게, 생각하는 연산을 해야 해요. 기계적인 연산이라는 건 뭘까요? 기계처럼 뜻을 모르고 풀어서 답을 내는 거예요. 그런데 사람은 기계한테 이렇게 풀라고 방법을 알려주는 존재이지 기계는 아니잖아요? 그러니 생각을 해야죠. 머리를 쓰는 거예요. 머리를 쓰니까 뇌가 즐겁죠. 즐거우면 뇌가 발달하고 새로운 문제에 부딪혔을 때 그것을 풀 수 있는 힘이 생겨요. 창의력이 생기는 거죠.

더하기를 예로 들어 설명해볼게요. '397 더하기 158'이란 문제를 기계 적으로 풀면 우리는 다음처럼 풀어요. 일의 자리, 십의 자리 순서대로 더하죠. 이것은 기계적인 방법이에요. 우리는 사람으로서 생각을 해 야겠죠?

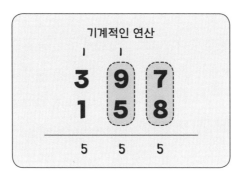

'397이라고 하면 좀 복잡한데, 어떻게 하면 간단할까?' 158에서 3을 가져와 397에 주면 158은 155가 되고(빼기 3), 397은 400이 되면서 (더하기 3) 식이 간단해져요.

이렇게 생각하는 능력을 길러야 해요. 생각하는 힘이 생기면, 비슷한 문제는 다 그렇게 풀 수 있어요. 998 더하기 5는? 2를 앞에 먼저 더하고, 뒤에서 2를 빼주면 쉬운 더하기가 되잖아요. 간단하게 생각하는 힘이 생기면 응용도 쉽게 할 수 있어요. 숫자들이 바뀌어도 문제없죠.

문제를 풀 때 어떻게 하면 쉽고 간단하게 바꿀 수 있을까 이렇게 생각하면 어려운 수학 문제나 고차원적인 문제를 혼자 힘으로 해결할 수 있는 능력이 생겨요. 연산, 참 중요하죠. 답을 내기 때문에 중요한 게 아니고, 그 문제와 그 연산을 통해서 무엇을 배울 것인지를 알 수 있기 때문에 중요한 거예요. 기계적인 연산, 짜증나는 연산은 이제 그만! 생각하는 연산, 재미있는 연산을 해보기로 해요.

복잡한 큰 수 연산,
계산 없이 끝내는 법

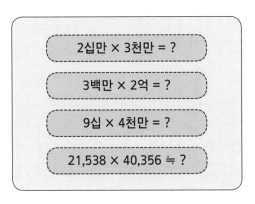

이런 문제들을 5초 안에 풀 수 있는 방법을 함께 공부해봐요. 복잡한

데 가능할까, 이런 생각이 드나요? 가능해요. 그 방법을 한번 같이 생

각해봐요. 보통의 경우라면 '2십만×3천만'을 다음처럼 풀려고 할 거

예요. 우선 3천만을 이렇게 쓰겠죠.

3	0	0	0	0	0	0	0
천만	백만	십만	만	천	백	십	일

또 2십만을 써요.

천만	백만	십만	만	천	백	십	일
3	0	0	0	0	0	0	0

십만	만	천	백	십	일
2	0	0	0	0	0

이제 곱하기하는 요령이 들어가요. 0의 개수를 세는 거죠.

3×2	조	천억	백억	십억	억	천만	백만	십만	만	천	백	십	일
	0	0	0	0	0	0	0	0	0	0	0	0	0

0이 열두 개니까 뒤에 0을 열두 개 붙여요. 제일 앞에 2×3은 6이니까 6을 쓰죠. 그런데 답이 얼마냐고 물으니까 답을 말하기 위해서 또 뒤에서부터 수를 세기 시작해요. 일, 십, 백, 천, 만, 십만, 백만, 천만, 일억, 십억, 백억, 천억, 조. 그래서 답이 6조라고요. 답이 나오기까지 시간이 꽤 걸리죠?

자, 여기서 우리는 '이게 과연 옳은 방법일까?' 하는 의문을 제기할 수 있어야 해요. 사람은 기계가 아니에요. 그런데 이 방법은 너무 기계적이잖아요? 그러니까 이렇게 해서는 안 되는 이유를 알아야 해요.

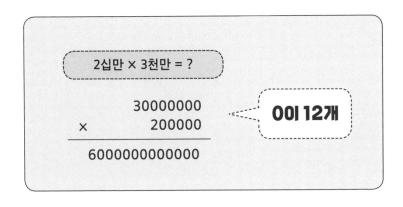

'2십만'의 뜻은 정말 간단해요. '만이 20개'라는 뜻이죠. 처음에 20만을 200000으로 썼어요. 이것은 '[2]십만, [0]만, [0]천, [0]백, [0]십, [0]일'이라는 뜻이에요. 이 수에 만이 없고, 천이 없고, 백이 없고, 십이 없고, 일이 없는데 왜 이것까지 계산을 하죠?

'이 쟁반 위에 뭐가 있니?' 하고 물으면 '사과하고 바나나가 있어요'라고 말하면 되는데, '사과가 있고, 바나나가 있고, 수박은 없고, 포도는 없고, 딸기는 없어요'라고 말하는 거나 마찬가지예요. 무엇이 있냐고 물으면, 있는 것만 말하면 돼요.

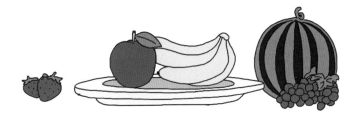

자 이제, 이 문제를 어떻게 풀어야 하는지 함께 한번 알아봐요. 수학에는 모두가 아는 약속이 있죠. 질문 하나 할게요. "십만, 백만, 천만, 그다음은 뭘까요?" 이렇게 물어보면 잠시 생각한 후에 대부분 '억'이라고 답할 거예요. 하지만 수학이라는 것은 항상 자연스럽게 말하면 돼요. 십, 백, 천 다음은? 만이 나오는 게 자연스럽죠.

그러니까 10만, 100만, 1,000만, 이 말은 만이 10개, 만이 100개, 만이 1,000개라는 것이죠. 그다음은 만이 몇 개예요? 그렇죠. 만이 만 개죠. 그러니까 십만, 백만, 천만 다음은 '만만'이라고 하면 돼요. 이렇게 기본적인 것을 알고 있어야 진짜 알고 있는 거예요.

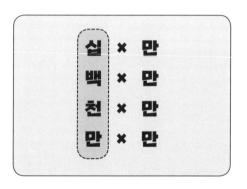

그런데 두 글자가 겹치면 발음하기가 복잡해져요. 1만만, 2만만, 3만만, 4만만 이렇게 얘기하기 시작하면 발음하기 어려워져 버벅대기 시작하죠. 그래서 우리는 그것을 간단하게 '억'이라고 부르기로 약속했어요. 만만은 억, 억은 만만. 간단한 약속이죠.

만만은 억   억은 만만

예를 들어 2만 곱하기 3만은? 그러면 6억이 바로 나와야 돼요. 이것이 1초 이상 걸리면 절대 안 돼요. 이건 계산하는 게 아니고 그냥 약속이에요.

자, 이제 다음 단계로 넘어가 볼까요? 만만이 만 개면 '만만만'이죠. 우리는 그것을 '조'라고 부르기로 약속했어요.
앞으로 "억이 무엇이냐"고 물으면 "억은 억이죠"라고 말하면 안 돼요. 억은 만만이라는 뜻을 알아야 해요. 만만은 억, 만만만은 조 이렇게요.

이제 작은 수로 내려가 볼게요. 8천, 9천 그다음은? 십천이죠. 우리는 십천을 '만'이라고 약속했어요. 어떤 단어를 보면 뜻을 알아야 해요. 그리고 뜻을 알면 수학이 재미있어져요.

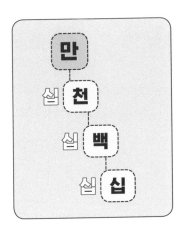

그러니까 만을 풀어 헤쳐보면, '십×십×십×십'이에요. 십을 네 번 곱한 것이죠. 십을 네 번 곱한 만을 인라인스케이트 바퀴 네 개로 표현해볼게요. 인라인스케이트를 떠올리면서 대답을 한 번 해보세요.

인라인스케이트의 바퀴를 떠올려보세요~

3만을 쓰라고 하면, 3을 쓰고 그다음에 인라인스케이트가 들어오면 돼요. 23억을 쓰라고 하면 23을 일단 써요. 억이 무엇이죠? 만만이죠. 그래서 스케이트 두 개를 나란히 붙이면 돼요.

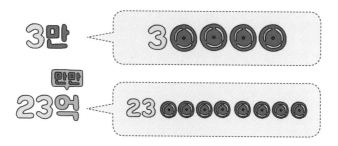

숫자는 자연스럽게 앞에서부터 쓰고 끝내요. 쓸 때도 앞에서부터 쓰고, 읽을 때도 앞에서부터 읽어요. 앞에 있는 수가 더 중요하니까 계산도 앞에서부터 해요. 다시 뒤에서부터 셀 필요가 없어요!

자, 다시 한번 '2십만 곱하기 3천만' 문제로 돌아왔어요. 금방 풀 수 있겠죠? 숫자 사이에 있는 곱하기까지 표현해볼게요.

$$2 \times 십 \times 만 \times 3 \times 천 \times 만$$

답을 이렇게 쓰고 끝내면 좋겠지만, 단위들이 커졌다가 작았다가 해서 아주 헷갈리죠. 작은 건 앞으로, 큰 건 뒤로 보내요. 그래서 작은 단위부터 쓰는 것으로 정리를 하는 거예요.

2×3은 6이죠. 뒤의 수는 방금 배운 '약속'으로 풀어요. 십천은 만이라 약속했어요. 그러면 만 곱하기 만 곱하기 만이 되니까, 만만만은 조

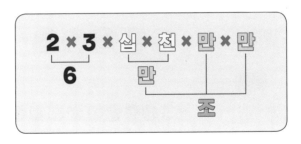

답이 바로 나오죠. 이런 문제는 5초 이상 걸리면 안 돼요.

2백만 곱하기 4십억은? 8천조. 바로 나오죠. 여러분도 금방 풀 수 있겠죠? 30분만 투자하세요. 그럼 평생 쉽게 답을 말할 수 있어요. 계산할 필요도 없고, 펜도 필요 없고, 동그라미 숫자를 셀 필요도 없죠.

계산이 복잡한 21,538×40,356은 얼마일까요? 이런 문제를 보면 바로 생각해야 돼요. '아! 계산기를 써야겠다!' 이런 문제는 컴퓨터를 시키면 돼요. 단, 얼마나 큰 수일지 감을 잡으면 좋겠죠. 21,538의 첫 숫자 2와 40,356의 첫 숫자 4를 곱하고, 만만은 억이니까, 8억 정도 되겠구나 하는 감이요.

수학 공부한다고 연산 문제 막 풀죠? 기계적으로 그렇게 하면 절대 안 돼요. 사람은 의미를 알아야 해요. 연습할 시간에 생각을 하세요. 문제를 보고, 바로 약속을 떠올려 답을 낼 수 있을까? 어떻게 하면 쉽고 간단하게 고칠 수 있을까? 빨리, 쉽게 풀고 나서 남는 시간에는 놀아야죠!

'왜?'만 알면 되는
루트

루트만 보면 한숨부터 나오는 사람이 많을 텐데요, 알고 보면 루트도 쉬워요. 이번에는 어렵다고 오해받는 루트의 억울함을 벗겨 봐요. 자, 문제를 한번 볼까요? 다음 도형의 넓이가 A일 때, $\sqrt{A}$는 얼마일까요?

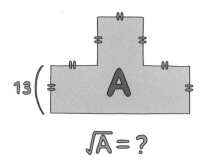

이 문제를 풀기 위해서는 문제의 뿌리를 알아야 해요. 뿌리란 근본이나 중심을 말해요. 그러니 이 문제를 풀기 위해 필요한 핵심을 먼저 파악해야 하는 거예요.

자, 다음을 보세요. 여기 원이 여러 개 있어요. 크기가 전부 다르죠? 왜 다를까요? '왜' 다른지 알아야 해요. 수학에서는 항상 '왜?'를 알아야 하죠. 원들의 크기가 다른 것은 '뿌리'가 다르기 때문이에요. 원의 뿌리는 '반지름'이에요. 왜 원의 뿌리가 반지름일까요?

원을 그릴 때 우리는 무엇을 이용하나요? 컴퍼스를 이용하죠. 컴퍼스의 길이가 곧 반지름이잖아요? 컴퍼스의 길이에 따라 원 크기가 달라지고요. 그러니 반지름이 원의 뿌리예요.

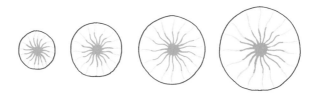

사실 반지름은 좀 억울한 말이긴 해요. 지름의 반이라는 뜻이니까요. 원에게 있어 지름보다 더 중요한 것이 반지름이거든요.

이번에는 사각형을 볼게요. 정사각형을 그릴 땐, 딱 한쪽의 변만 주어지면 정사각형이 다 그려져요. 그러니까 정사각형 넓이의 뿌리는 여기 한 변의 길이예요. 영어로는 스퀘어루트Square Root라고 해요.

이제 뿌리 캐기를 해볼까요? 64라는 정사각형이 있어요. 이것의 뿌리는 무엇일까요? 자, 다음의 그림처럼 64가 흩어져 있어요. 정사각형의 뿌리를 찾는 거니까 정사각형으로 만들어야겠죠?

그래서 다음처럼 정사각형으로 만들었어요. 보니까 이쪽 한 변이 뿌리네요. 따라서 답은 8이에요.

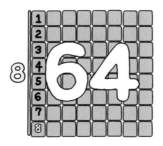

64의 정사각형 뿌리 = 8

그러면 문제를 바꿔서, 25라는 정사각형의 뿌리는 뭘까요?

25의 정사각형 뿌리 = 5

네, 이렇게 만들어서 보면 알 수 있습니다. 답은 5네요. 그렇다면 16이라는 정사각형의 뿌리는? 9라는 정사각형의 뿌리는? 4라는 정사각형의 뿌리는? 1이라는 정사각형의 뿌리는?

이제 이해되었나요? 아주 좋아요. 그런데 이런 것들의 뿌리는 금방 알 수 있는데 그렇지 않은 것들이 있어요. 예를 들어 20이라는 정사 각형의 뿌리는 무엇일까요? 이건 정사각형이 쉽게 만들어지지 않잖 아요? 뿌리를 4로 하면 4개가 남고, 5로 하면 또 모자라고.

20의 정사각형 뿌리

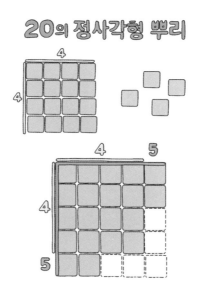

대신 '4보다는 크고 5보다는 작다'는 건 알 수 있어요 그럼 4.×××…인데 이렇게 계산하면 끝도 없어요 4.472135955… 한없이 쭉쭉 나가요

"20의 뿌리는 얼마일까요?"라는 질문을 받았을 때 바로 대답할 수 있으면 얼마나 좋을까요? 바로 여기에 수학의 매력이 있어요. 수학은 묻는 대로 바로 답해줄 수 있기든요.

자, 여기 20이라는 정사각형이 있어요. 한 변이 각각 뿌리겠죠? 정사 각형이니까. 이 숫자 앞에 뿌리라는 체크를 하나 해볼게요. $\sqrt{20}$. 이것 이 바로 '20의 뿌리는 무엇이냐'는 물음에 대한 대답이에요. 그 체크 기호는 '루트'라고 읽어요. 그래서 20의 뿌리는? $\sqrt{20}$. 루트 20이라고 읽으면 돼요.

사실 이 모양은 root의 첫 알파벳 r에서 따온 거예요!

루트는 정사각형의 뿌리. 이걸 염두에 두고 맨 처음에 냈던 문제를 다 시 한번 풀어볼까요? 보통의 경우 이 문제를 어떻게 푸냐면, A에 해 당하는 넓이를 구해요. 그런데 이렇게 하면 절대 안 돼요. 우리가 하 는 흔한 실수 중 하나가 계산을 빨리 하려고 엄청 연습하는 거예요. 요령을 부리면 빨리 풀 수 있다고 생각하죠? 하지만 아무리 그래도 1 분 이상 걸려요.

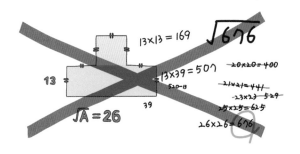

우리가 해야 할 일은 넓이의 뿌리를 구하는 일이에요. 뿌리가 뭐죠? '정사각형의 한 변'이에요. 그러니 사각형을 이동해서 정사각형을 만들어보죠. 그러면 뿌리가 얼마죠?

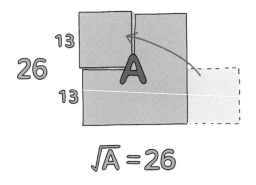

그렇죠, 26. 너무 쉽죠? 5초가 안 넘잖아요. 미국 수학경시대회에 이런 문제들이 많이 나와요. 답을 내는 것을 보려는 게 아니라 '어떻게 푸는지'를 보려고 내는 문제에요. 그걸 열심히 계산해봤자 의미가 없어요. 푸는 데 시간도 오래 걸려요. 계산을 빨리 한다고 해서 해결될 문제가 아니에요. 문제의 '의미를 꿰뚫었느냐'가 중요해요. 이게 바로 수학이 가진 힘이에요.

의미를 꿰뚫으면
로그도 5초 안에 해결

많은 사람들을 울게 만들고 수포자를 만드는 것 중에 하나가 바로 로그예요. 그런데 로그도 알고 보면 쉬워요. 이번에는 어렵다고 오해받는 로그의 억울함을 풀어줄까 해요. 먼저 다음 문제를 한번 볼까요?

$$\frac{\log_2 10}{\log_{10} 300} \quad \boxed{?} \quad 1$$

① > ② < ③ =

답이 뭘까요? 1보다 클까요, 작을까요? 아니면 같을까요? 와, 어렵죠? 이런 문제는 보는 즉시 풀어야 해요. 오래 걸려도 10초 안에!

10을 세 번 더하면 $10+10+10$이니까 3×10이에요. 그렇다면 10을 세 번 곱하면요? $10 \times 10 \times 10$이죠. 반복해서 쓰기 귀찮으니까 10^3이라고 쓰기로 약속했어요. 어떤 숫자를 몇 번 곱했다는 의미로 해당 숫자 어깨 위에 곱하기 숫자를 작게 쓰기로 한 거예요. 10을 세 번 곱하면 1,000이에요.

그렇다면 거꾸로 1,000은 10을 몇 번 곱한 걸까요? 다음 네모 안 물음표 자리에 들어갈 숫자는 무엇일까요?

$$1000 = 10^{?}$$

그렇죠. 3. 이렇게 '몇 번 곱하냐'는 것은 우리 생활에서 많이 쓰여요. 예를 들어 우리가 은행에 100만 원을 저축했어요. 그러면 매년 뭐가 붙어요? 이자가 붙어요. 그러면 내 돈이 200만 원이 될 때까지 얼마나 걸릴까 궁금하잖아요. 해가 갈수록 곱하기 얼마, 곱하기 얼마… 몇 번 곱했느냐 이거잖아요. 그래서 '몇 번 곱'은 매우 중요해요.

5,000은 10의 몇 번 곱일까요? 이걸 직접 계산하면 한없이 풀어야 하죠? "5,000은 10을 몇 번 곱해야 돼?" 이렇게 물어보면 또 바로 대답하고 싶잖아요? 여기에서 또다시 수학의 매력 '묻는 대로 답해주기'가 나와요.

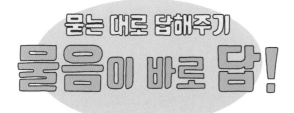

"5,000은 10의 몇 번 곱?"이라는 질문에 답하기 위해서 순서만 바꿔서 그대로 써요. 왜 이렇게 거꾸로 쓰냐면 용어를 만들고 체계화한 사람이 우리말과 다른 어순 체계를 가진 말을 쓰는 서양 사람들이라서 그래요.

$$5000 = 10^{?}$$

5000은 10의 몇번곱

몇번곱 10 5000

'몇 번 곱'을 전 세계 사람들이 알 수 있는 기호로 표현하기로 했어요. 그것이 바로 로그log예요. log는 '몇 번 곱'이에요.

몇번곱 = log

다시, log는 뭐? 몇 번 곱! 그렇다면 "5,000은 10의 몇 번 곱?"을 어떻게 나타낼 수 있을까요? 다음의 식을 한번 볼까요?

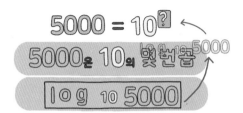

5,000은 10을 몇 번 곱한 것이냐는 물음이 답이에요. 따라서 답은 $\log_{10}5000$이에요. 이해가 됐나요? 그럼 한번 응용해볼까요? $\log_{10}100$ 은 뭘까요? 대답해보세요.

그렇죠. $\log_{10}100$은 '100은 10의 몇 번 곱'이란 뜻입니다. 몇 번 곱했느냐? 2번 곱했죠. $\log_{7}7$은요? 7은 7의 몇 번 곱이냐? 그냥 한 번. 7이니 까요.

$$\log_{10}100 = 2$$

100은 10의 **몇번곱**

$$\log_{7}7 = 1$$

7 은 7 의 **몇번곱**

다음 문제, $\log_7 7^3$을 볼게요. '7의 3번 곱은 7의 몇 번 곱?'이란 말이잖아요. 7을 3번 곱한 것은 7을 몇 번 곱한 거니?'란 뜻이에요. 이 문제는 네 살짜리도 알 수 있어요. 너희 엄마는 너의 누구니? 엄마겠죠. 설마 아빠겠어요? 그러니까 이 문제를 못 푸는 건 있을 수 없는 일이에요.

$$\log_7 7^3 = ?$$

7의 **3**번곱은 7의 **몇**번곱

이 문제를 푼다는 건, 읽어서 바로 답이 나온다는 거예요. 로그의 의미는 '몇 번 곱'이라는 것. 이제 잘 알겠죠?

그럼 문제를 또 하나 내볼게요. $\log_5 20$은? 바로 답이 안 나오나요? 앞에서 봤던 수식을 떠올려보세요. 그러면 '20은 5의 몇 번 곱'이 떠오르죠? 바로 이거예요. 어때요, 쉽죠?

$$20 = 5^{\log_5 20}$$

$\log_5 20$

20은 5의 **몇번곱**

이제 감이 발동되는 거죠. '20은 5의 몇 번 곱'이라고 하면 한 번은 곱해야겠는데, 두 번 곱하면 넘어가 버려요. 그러면 대충 '$5^1 < 20 < 5^2$'이라고 치고, '1.×××…는 되겠구나' 하고 알 수 있어요.

자, 다시 처음 문제로 돌아가 볼까요? 이 문제의 분자를 보세요. '10은 2의 몇 번 곱'이죠? 2를 한 번 곱하면 2, 두 번 곱하면 4, 세 번 곱하면 8, 네 번 곱하면 16이네요. 그러니까 3.×××…가 되겠죠?

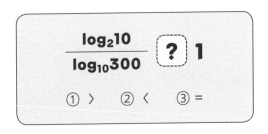

그다음 아래 분모를 봅시다. $\log_{10}300$의 뜻은 뭐예요? 그렇죠. '300은 10의 몇 번 곱?'이에요. 2.×××…이겠죠.

300은 10의 몇 번 곱! $10^2 < 300 < 10^3$이니까, 2.xxx… 정도 되겠네~

그러면 분자가 3.×××···니까 그보다 작은 걸로 나눠주면 1보다 클까요, 작을까요? 당연히 크겠죠? 간단하네요.

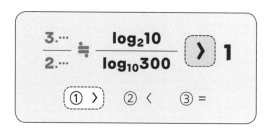

이런 문제는 핵심을 꿰뚫고 있으면 바로 풀 수 있어요. 5초도 안 걸리죠. 공식은 외우는 게 아니라 저절로 몸에 스며들도록 하는 거예요.

요령으로 접근하면
쉬운 문제도 어렵게 푼다

여러분, 이런 경험 있죠? 수학 문제를 푸는데 루트도 나오고, 분수도 나오고…

그래서 여차저차 복잡하게, 어렵게 풀었는데 답이 허무하게도 0, 1 같은 간단한 자연수로 나오는 경우!

수능에서도 이런 경우가 참 많은데요, 알고 보면 원래 쉬웠던 문제를 군이 어렵게 꼬아서 풀었을 확률이 높아요. 언제부터, 왜 이렇게 된 걸까요? 다음 식을 볼게요.

$$6x - 48 = 0$$

'$6x-48=0$' 여러분은 이 문제를 어떻게 풀 건가요?

문제를 보고 바로 이항을 떠올릴 거예요. '①-48을 이항한다' 그래서 오른쪽으로 옮겨요. 이때 놀라운 일을 하나 하죠. '②등호를 넘어갈 땐 부호를 반대로 한다' 그래서 빼기를 더하기로 바꾸는 거죠. 그러니까 0에서 48을 더하니 그냥 48이 됐어요.

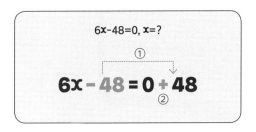

그다음 '③6이 넘어가면서' 나누게 되죠. 그러고 나서 이제 '④구구단을 외워요'. $6×2=12$, $6×7=42$, $6×8=48$ 아, 8이구나. 이렇게 해서 답을 내요.

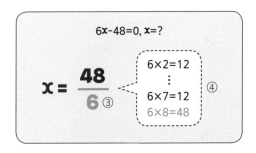

굉장히 익숙한 방법이죠? 그러나 이렇게 하면 절대 안 돼요. 수학을 망치게 하는 첫 번째 방법은 바로 '요령'이에요. 요령은 배움 자체를 망치고 사람의 창의력을 원천적으로 차단해버리죠.

자, 차근차근 하나씩 살펴볼까요?

여기서 '이항한다' 이건 말도 어렵지만 이항을 '왜' 하는 거죠? 더 이상한 건 '등호를 넘어갈 땐 부호를 반대로 하라' 이런 거예요. 이것이 가장 악명 높은 요령 중 하나예요. 왜 하는 건지도 모르고 무작정 하는 거죠. 그렇게 하면 답이 나온다고 배웠으니까. 앞으로 우리가 살아갈 인공지능 시대에는 이렇게 기계적으로 계산해서 답 낼 일은 없어요. 구글에 쳐보면 되는걸요. 우리가 배워야 하는 것은 '왜?'라고 묻는 자세예요. 다시 말해서 생각하는 힘! 수학을 배우는 이유가 바로 그거예요.

다음으로 6을 넘겨서 나눌 때, 부호를 마이너스로 바꾸는 학생들이 많아요. –6으로요. 등호 넘어갈 때 부호를 바꾸라고 했으니까 그렇게 한 거죠. 그래서 의미도 모르고 외워서 요령을 쓰면 안 되는 거예요. 요령이라는 것은 '답을 내리려면 이렇게 하라'고 의미도 모른 채 외우는 거예요. 의미를 모르니까 정확히 언제 써야 하는지도 모르고 아무 때나 써먹는 거예요. 결국 답을 틀리게 낼 수밖에 없죠.

그다음 6으로 나눠 놓고 구구단을 외워요. 곱하기를 하는 거죠. 모든 나눗셈은 곱하기를 거꾸로 하잖아요? 그런데 여기서 곱하기를 하라고 했으면 그냥 곱하기를 하면 되는데, 왜 나눴다가 다시 곱하기를 해요? 헛수고잖아요.

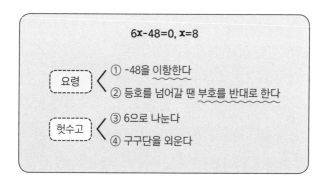

자, 이제 깨봉식으로 풀어볼게요.

우리가 수학을 배울 때는 가장 기본적인 의미를 알고 있어야 해요. '빼기'는 빼라는 액션이죠. 더하라는 것의 반대. 그런데 빼기는 또 하나의 뜻이 있어요. 모두 알다시피 두 개의 차이, 즉 '차'라는 뜻이 있어요. 여기서는 $6x$와 48의 '차이'라는 말이죠? 그다음 '='은 '는'이라는 뜻이고 '0'은 '없음'이라는 뜻이에요. 그대로 읽어 보면 '두 개의 차이는 없다', 즉 '$6x$와 48의 차이는 없다' 이거예요. '차이가 없다'라는 것을 또 뭐라고 표현할 수 있어요? '같다'라고 말할 수 있어요. 그래서 즉시 알아야 해요. '두 개의 차이가 없다'는 '두 개가 같다'라고요.

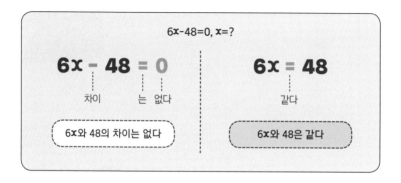

수학이라는 것은 언어예요. 왜냐하면 수학이라는 것 자체가 세상 이치를 깨닫기 위해서 쉽고 정확하게 커뮤니케이션 하려고 만든 것이니까요. 언어는 잘하는 데 수학은 못한다? 많은 사람들이 이런 말을 많이 해요.

"문과라서 수학을 못한다!" 이것은 틀린 말이에요. 언어를 잘하면 수학도 잘할 수 있어요. 언어가 뛰어나다는 것은 논리적 사고가 뛰어나다는 거니까요. 그래서 수학을 잘할 수밖에 없어요.

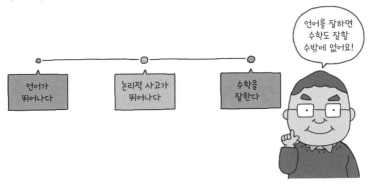

그런데 잘못된 교육으로 어렵게 가르쳐서 수학을 못하게 만든 거예요. 억울하죠?

"차이가 없다? → 같다!"는 순수 언어잖아요. 말을 잘하는 사람들은 언어를 가지고 자유자재로 표현해요. 계속해서 '같다'는 말을 쓰면 지루하니까 '차이가 없다'라고 쓰는 거죠.

마지막으로 "곱하기 얼마"냐고 물어보면 그냥 6, 8 곱하면 48! 다 끝난 거예요. 검산까지 다. 여기서 나누고, 다시 곱하고… 이렇게 할 필요가 없다는 것을 알아야 해요.

$$6x - 48 = 0, \ x = ?$$

$$6 \times \boxed{8} = 0$$

정리해볼까요? 첫째, 관계로 보는 힘! 빼라는 것은 두 개 사이의 차이죠? 이것이 관계예요. 둘째, 수학은 언어! "차이가 없다＝같다", "같다＝차이가 없다" 이것은 방정식에서 아주 중요한 역할을 해요. 셋째, 즉시 풀기! 절대 불필요한 과정을 더 거치지 말자!

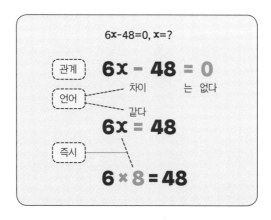

많은 학생들이 평소에, 그리고 수능 볼 때조차도 하지 않아도 되는 과정을 거쳐요. 무작정 외운 공식, 요령으로 풀다 보니까 그런 거예요. 의미와 핵심을 알면 바로 답을 낼 수 있어요.

문제를 해결할 때는 내가 무엇을 하는지, 왜 하는지에 대한 확신이 있어야 해요. 그것이 진짜 실력이에요. 무작정 요령으로만 풀면 절대 안 돼요. 지금 배운 내용을 그냥 하나의 예로 가볍게 넘겨서는 안 돼요. 나도 모르게 계속 불필요한 과정을 지속하고 있을 수도 있으니까요. 그러다 보면 수능 시험을 볼 때도 그럴 수 있어요. 그러니 처음 배울 때 제대로 배워야 해요. 그래야 인생도 편해져요.

공식은 버리고 의미 그대로, 이미지로!

이제 제곱과 더하기를 공부해봐요. 먼저 문제를 하나 내볼게요. 15^2에 얼마를 더하면 16^2이 될까요?

$$15^2 + \boxed{?} = 16^2$$

수식으로 나타내면 위와 같습니다. 그렇다면 이 문제를 어떻게 풀 수 있을까요?

첫 번째 방법, 물음표가 있는 네모 칸을 x로 놓고 요령대로 15^2을 이 항을 해서 부호를 바꾸는 거예요. 그러면 16^2-15^2이 되죠? 그다음 16 곱하기 16을 해서 256이 나오고, 15 곱하기 15를 하니까 225가 나왔어요. 256에서 225를 빼니까 31이 나왔네요. 곱하고, 더하고, 빼고를 쭉 해서 이렇게 31이라는 답이 나왔어요. 시간이 좀 걸렸죠?

두 번째 방법으로 풀어볼게요. 15^2을 정사각형, 즉 사과가 15개씩 15 줄 있는 모습으로 그려보는 거예요. 이제 16^2이라는 정사각형을 만들 기 위해 오른쪽에 한 줄, 아래쪽에 한 줄을 더하고 마지막에 모서리에 있는 하나를 더하는 거예요. 그럼 더한 것은 $15+15+1=31$이 되었 어요. 간단하게 답이 나왔죠?

첫 번째 방법과 두 번째 방법이 어떻게 다를까요? 차근차근 살펴봅시다.
첫 번째 방법은 16^2에서 15^2을 빼는 방식이에요. 여기서 16^2을 계산하는 것은 16^2을 다 풀어헤치는 것과 같아요.

그걸 또 100으로 맞추고 또 10으로 맞추고, 나머지를 나열해서 백이 두 개, 십이 다섯 개, 일이 여섯 개라고 나왔어요. 그래서 총 256이 나왔어요.

이번에는 또 15^2을 풀어헤쳐요. 그렇게 풀어헤친 것을 정리하면 백이 두 개, 십이 두 개, 일이 다섯 개예요. 그래서 225가 나왔어요.

그리고 나서 이제 256과 225의 차이를 계산해요. 이렇게 풀어헤치고 정리하기를 반복하니 땀이 날 수밖에요. 너무 힘들지 않나요? 그래서 풀어헤치기를 하면 안 되는 거예요. 이건 시간도 들고 힘도 들어요. 15^2은 그냥 15 곱하기 15예요. 단순하죠. 225라고 하면 이것이 200 더하기 25에서 온 건지, 224 더하기 1에서 온 건지 알 수가 없어요. 본래의 15^2이 가진 의미가 사라져버려요.

간단하게 15 곱하기 15는 15가 열다섯 개 있는 거예요. 근데 왜 225라고 해서 백이 두 개, 십이 두 개, 일이 다섯 개라고 복잡하게 말하죠? 원래 뜻대로 간단하게 알고 있어야 해요. 그러면 수학이 쉽잖아요.

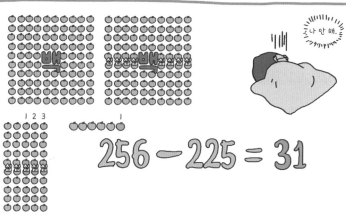

두 번째 방법이 이렇게 원래 뜻대로 푸는 방식이에요. 15^2은 15가 열다섯 개씩 있는 것이니, 뭘 더하면 16^2이 되는지만 생각하면 되는 거예요.

그래서 이렇게 이미지화해서 15줄의 정사각형이 16줄의 정사각형으로 어떻게 변할 수 있는지 생각해본 거예요. 즉 제곱은 정사각형으로 생각하고 얼마를 더했는지 그 변화를 찾는 것이죠. 매우 쉽죠? 그런데 첫 번째 방법은 '곱하기'를 하고, 그 안에서 '더하기'도 땀나게 했어요. 그리고 문제에 나오지도 않는 '빼기'까지 숨차게 했어요. 그렇게 할 필요가 없는데도요.

의미를 알고 핵심을 꿰뚫으면 수학은 절대 어렵지 않아요. 제곱은 정사각형, 더하기는 변화! 이걸 머릿속으로 그려보는 거예요. 이렇게 '이미지를 떠올려서 생각하는 힘'을 기르면 수학이 쉽고 재미있어질 거예요.

방정식은 '관계'를 구하면 된다

자, 다음 문제를 한번 풀어볼까요? 표의 오른쪽과 아래쪽에 있는 수들은 각 줄에 있는 수들의 합을 의미해요. 그렇다면 물음표에 해당하는 수는 얼마일까요?

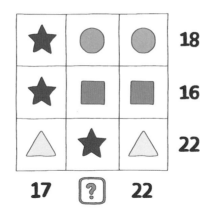

어떻게 다 푸셨나요? 푸는 데 시간은 얼마나 걸렸나요? 조금 복잡하다는 생각은 안 들었나요? 이 문제를 10초 안에 풀어볼게요. 5초는 생각하는 데, 5초는 답을 내는 데 걸리는 시간이에요.

자, 한번 보세요. 가로축으로 더한 것들의 합과 세로축으로 더한 것들의 합은 똑같겠죠. 같은 수들로부터 나왔으니까요. 17은 18보다 하나 작으니까 빈칸에 들어갈 숫자는 16보다 하나가 커야겠네요. 22는 같으니까 답은 17. 끝!

자, 다음 문제를 봅시다. 동그라미 빼기 네모는 얼마일까요?

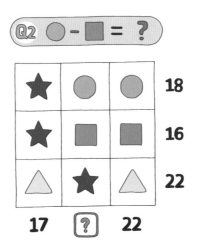

이 문제도 10초 안에 풀어볼게요. 역시나 5초는 생각하는 데 5초는 답 내는 데 쓸 거예요. 동그라미와 네모가 있는 칸을 볼게요. 18과 16의 차이는 2라는 것을 알 수 있어요. 별은 똑같으니까 생각할 필요 없고 동그라미와 네모 두 쌍의 차이는 2. 한 쌍은 1. 답이 나왔어요. 동그라미 빼기 네모는 1. 끝!

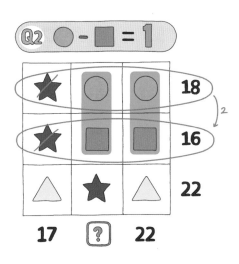

10초 만에 풀었어요. 어떻게 하면 이렇게 쉽게 문제를 풀 수 있는지, 궁금하죠?

먼저 첫 번째 문제. 이 문제의 경우 대개 수학을 조금 한다는 학생들은 문제를 보자마자 '이건 a, b, c, d로 놓자' 하고 방정식을 만들어요. '연립 방정식'을 만든 후에 푸는 것이죠.

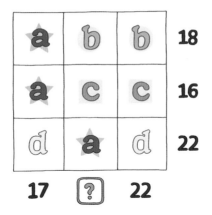

그리고 연립방정식을 푸는 요령들을 써요. 대입, 등치법, 가감 등···. 이런 식으로 하면 제아무리 빨리 풀어도 1분이 넘어가요. 그렇게 할 필요가 없는데도요.

첫 번째 문제에서는 칸 속에 있는 수보다 수들의 합이 중요하다는 걸 알아야 해요. 왜? 여기 합들이 이미 나와 있고, 결국 합을 물어보는 문제니까요. 합을 먼저 떠올려야죠.

자, 가로줄의 합이 18, 16, 22고 세로줄의 합이 17, [?], 22면, 두 합은 똑같아야겠죠? 왜? 똑같은 것들을 더했으니까요. 보는 각도가 다를 뿐이고요.

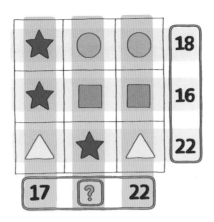

22는 같으니까 무시하고, 18은 17보다 하나가 작으니까 [?]은 16보다 하나가 커야겠죠? 그러면 바로 답이 나와요. 17!

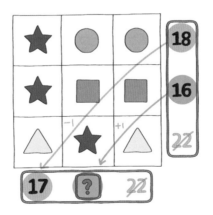

여기에 연립방정식이 있나요? 계산은 아예 하지도 않았어요. 이렇게 말하면 '진짜로 계산 안 한 건가?', '16+1=17은 계산한 게 아닌 건가?'라고 의문을 갖는 사람이 있어요. 아니요, 이건 계산이 아니라 '약속'이에요. 이걸 계산으로 생각한다면 수학의 기초를 다지지 못한 거예요. 수의 뜻을 이해하지 못한 거니까요.

두 번째 문제는 '차이'를 묻는 거예요. 동그라미와 네모의 값을 각각 구해서 빼라는 게 아니고 차이를 묻는 것이죠. 이렇게 문제의 핵심을 파악해야 해요. 차이를 알아야 하는데, 다음 두 줄을 보면 차이가 보이죠? 18 빼기 16은 2.

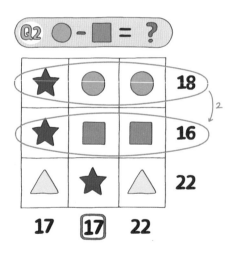

별은 똑같으니까(차이가 없으니까) 지우고, 주황색 선으로 묶은 동그라미와 네모 한 쌍 2개의 차이가 2니까, 동그라미와 네모 한 쌍의 차이는 1이에요.

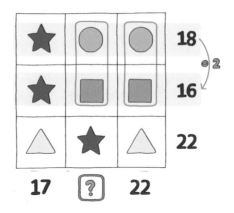

여기서 동그라미와 네모 값을 각각 따로 구한 뒤에 이걸 빼서 값을 내면 절대 10초 안에 문제를 풀 수 없겠죠? 그렇게 하는 것은 시간을 낭비할 뿐이에요. 그런데 왜 많은 학생들이 이런 식으로 방정식을 만들어 풀까요?

기계적으로 푸는 것에 익숙해져서 그래요. 그게 편하니까요. 잘못된 방법에 익숙해진다는 것은 정말 큰일이에요. 불행의 시작이니까요.

자, 그렇다면 별, 세모, 동그라미, 네모를 하나하나 다 구하라고 하면 어떻게 풀어야 할까요?

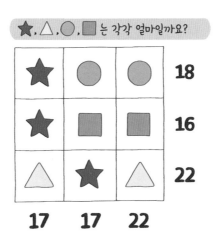

이 문제의 핵심은 '관계 파악'이에요. 그러면 관계를 파악해볼까요? 동그라미와 네모의 차이는 1이었고, 동그라미 쪽 수가 더 크니 네모는 동그라미보다 하나가 작아요.

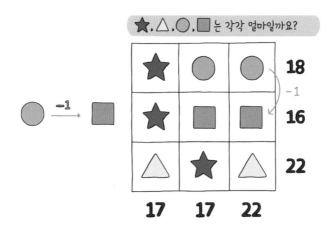

다음으로 첫 번째 가로줄과, 세 번째 가로줄을 볼까요? 세 번째 가로줄에 놓인 세모와 별의 위치를 첫 번째 줄처럼 바꾼 후에 별은 일단 지워요. 그러면 동그라미와 세모 두 쌍의 차이는 4라서 한 쌍의 차이는 2라는 것, 세모의 수가 더 크니까 세모가 동그라미보다 2만큼 크다는 사실을 알 수 있어요.

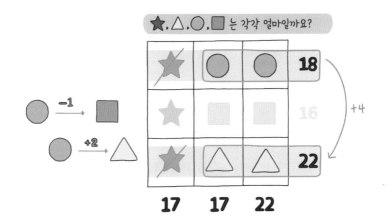

이제 별을 구해볼게요. 첫 번째 세로줄과 세 번째 세로줄을 볼까요?
똑같은 세모는 지우고, 네모를 동그라미로 바꾸면 23이 되네요. 네모
가 동그라미보다 1만큼 작으니까요. 즉 동그라미가 네모보다 1만큼
더 크다는 뜻이지요.

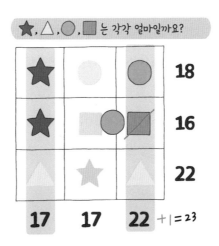

세 번째 세로줄 23에서 첫 번째 세로줄 17을 빼면 차이가 6, 별과 동그라미가 두 개씩 있으니 한 개당 차이는 3이네요. 동그라미의 수가 더 크니 별이 동그라미보다 3만큼 작다는 것을 알 수 있고요.

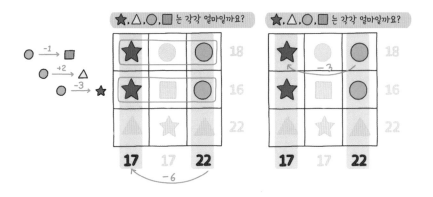

이렇게 동그라미를 기준으로 해서 모든 것이 정해졌어요. 네모는 1만큼 작고, 세모는 2만큼 크고, 별은 3만큼 작아요.

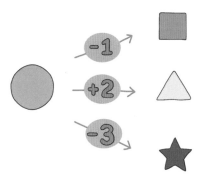

그럼 이제 마지막으로 첫 줄의 별을 동그라미로 고치면 18에서 3이
더해져야겠죠? 동그라미 세 개가 21이니까 동그라미 하나는 7이에요.

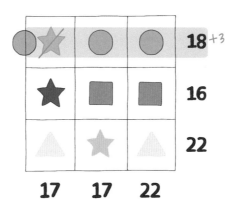

동그라미의 수가 나왔으니 이제 나머지 도형의 수도 정해졌어요. 네모
는 빼기 1, 세모는 더하기 2, 별은 빼기 3. 그러면 짜자잔~ 답이 나오
죠?

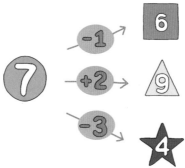

다시 말하지만 이 문제의 핵심은 '관계'예요. '어떻게 같냐', '=', '이퀄
Equal'. 그래서 '관계를 구하는 것'이라고 말한 거예요. 방정식을 푸는 원

리죠. 여기서 핵심은 모든 값을 구하는 게 아니에요. 합만 구하는 것인지, 차이만 구하는 것인지, 아니면 관계로 풀어내는 것인지, 즉 무엇을 묻는지를 알아야 해요.

수학을 잘하려면 두 가지가 필요해요. 첫째, 핵심 파악. 둘째, 쉽고 간단한 것으로 바꿔 생각하는 힘.

수학을 잘하는 법
무시하여 핵심을 파악
관계를 쉽고 간단하게 생각

이 두 가지 능력은 수학뿐 아니라 세상을 살아가는 데 꼭 필요한, 중요한 능력이에요. 책상 앞에서 몇 시간씩 계속 공부하는데도 수학 성적이 오르지 않는다? 그렇다면 이 두 가지 능력을 의심해봐야 해요. 수학 공부는 습관 들이는 게 전부라고 해도 과언이 아니에요. 무작정 계산하는 게 편하다? 익숙해지면 그렇겠죠. 대신 핵심을 보지 못해요. 왜? 생각을 안 하니까요. 이건 매우 위험해요. 수학을 보는 눈, 생각하는 방법, 접근하는 방식을 바꿔야 해요.

인간 vs 인공지능
대결 속 숨겨진 이야기

2016년 3월, 인류 역사에 길이 남을 아주 중요한 사건이 일어난 날이에요. 바로 알파고 대 이세돌, 인공지능과 인간의 바둑 대결이 펼쳐진 날이죠. 결과는 인공지능 알파고의 완승이었어요. 이제는 더 이상 인공지능과 사람이 바둑으로 대결하지 않아요. 인간은 죽었다 깨어나도 바둑으로 인공지능을 이길 수가 없게 됐어요. 당시 전 세계 사람들이 충격을 받았고 인공지능 전문가들도 이렇게까지 인공지능이 완벽한 수를 둘 것이라고 예상하지 못했어요. 이 대결은 중요한 의미가 담긴 역사적 사건이에요. 인공지능 시대가 무엇을 의미하는지, 역사의 발전 과정에서 우리가 어느 위치까지 와 있는지 큰 틀에서 파악할 수 있게 되었으니까요.

지금을 제4차 산업혁명이라고 하죠? 제1차, 제2차, 제3차 산업혁명을 거쳐오면서 서양이 산업혁명의 주도권을 잡았어요. 산업혁명을 통해 '생각하는 이성'이 인간의 존재 의미로 자리 잡기 시작했어요. 생각하는 이성이라는 사상의 중심에는 철학자 데카르트가 있죠.

철학자이면서 수학자인 데카르트가 크게 영향을 받은 두 가지 사건이 있어요. 그중 한 가지는 지구가 태양 주위를 돈다는 사실을 알게 된 일이에요. 지금은 누구나 다 알고 있는 사실이죠. 갈릴레오 갈릴레이가 "태양이 지구 주위를 돌고 있는 것이 아니라 지구가 태양 주위를 돌고 있는 것이다"라고 주장하기 전, 이집트 시대에 이미 이와 같은 주장이 제기되었어요. 그러나 갈릴레오가 망원경으로 정확한 관측에 성공하고, 관측한 것을 이론적으로 증명해냈던 거예요. 인간의 이성이 우주의 법칙, 자연의 법칙을 꿰뚫은 순간이었죠.

또 한 가지는 윌리엄 하비의 혈액순환설이에요. 이전까지는 피가 끊임없이 순환하고 있다고 여기지 않고, 간에서 만들어져 몸 안에서 뻗어 나가 사라진다고 여겼어요. 의사였던 하비는 실험을 통해 심장이 펌프질로 혈액을 밀어낸다는 사실을 알아냈어요. 그는 그렇게 밀려난 혈액이 동맥을 통해 나가고 모세혈관에 퍼졌다가 다시 정맥을 통해 다시 들어온다, 그렇게 혈액은 순환한다고 이야기했어요.

인간은 이성을 가졌어요. 즉 생각하는 존재라는 것이죠. 인간은 이성이라는 힘으로 이렇게 세상의 이치를 밝혀내고 있어요. 그저 신비롭기만 한 것은 없어요. 현상에는 반드시 이유가 있고 인간은 그 원리를 설명해낼 수 있죠. 인간은 이성의 힘으로 의학, 물리학 등의 분야에서 엄청난 발전을 일으켰어요. 만유인력이라는 우주의 법칙을 밝혀냈고 증기기관차를 발명해 기계적 혁명을 일으켰어요.

이렇게 이성의 힘으로 발견과 혁명을 일으킨 시기(1750년)에 서양은 동양을 추월하기 시작했어요. 전체 역사를 통틀어보면 서양이 동양보다 앞서기 시작한 시기로부터 300년밖에 흐르지 않았네요. 그러나 이때부터 학문은 서양 중심으로 쓰였어요. 수학도 거의 대부분 서양식 언어를 기준으로 쓰였고, 역사의 기록도 서양 중심으로 쓰였죠. 이렇게 서양이 동양을 지배하기 시작한 거예요.

이런 상황에서 동양이 서양보다 우위에 있는 가치로 내세운 것이 있어요. 감성적·정신적인 것, 내면 그리고 설명할 수 없는 직관이 바로 그것이에요. 게임으로 보면 바둑이 체스보다 우월하다고 본 거예요. 체스의 경우의 수는 바둑의 경우의 수의 백만분의 1만큼도 안 돼요. 바둑은 겨루는 초반에 셀 수 없이 너무나도 많은 경우의 수가 존재하기 때문에 매우 빠른 컴퓨터로 센다고 해도

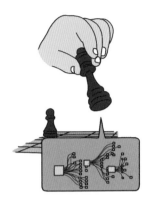

무작정 세기 시작하면 백만 년이 지나도 끝나지 않을 거예요. 그렇기 때문에 바둑에서는 직관이라는 것이 필요하죠.

그렇다면 알파고 대 이세돌의 대결, 알파고의 승리는 무엇을 의미할까요? 알파고는 컴퓨터에서 논리적으로 돌아가는 인공지능 프로그램이에요. 알파고의 승리는 우리가 주장하던 직관이 결코 신비롭기만 한 것이 아니며 기계적으로 만들어낼 수 있다는 것을 알려주었어요. 다시 말해서 직관, 감성, 감정 같은 것도 이성적이고 논리적인 것으로 만들어낼 수 있다는 거예요. 그래서 직관이나 감성을 내세운 동양이 이성으로 무장한 서양에 다시 한번 지게 된 것이죠. 작은 의미에서는 서양의 승리이지만 확장된 의미에서는 기계가 인간에게 거둔 승리로 볼 수 있어요.

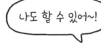

"서로 맛보는 곳을 서두르지 마라"

"축머리를 생각해라"

중앙으로 한 칸 뜬 수에 악수 없다"

"세력을 집으로 만들지 말라"

나도 할 수 있어~!

인간만이 할 수 있다고 여겼던 '생각'조차 기계가 더 우월하게 할 수 있게 된 거예요. 감정도 이성적 논리로 표현할 수 있게 되었고요. 이것이 바로 우리가 경계해야 할 인공지능의 힘이에요. 인공지능이 직관, 감정 표현, 더 나아가 창작의 영역까지 인간이 차지한 영역을 침범하고 있어요. 또 실제로 많은 직업이 인공지능으로 대체되고 있죠.

자, 이렇게 두려운 힘을 가졌지만 우리가 계속해서 경계하며 두려워하기만 해서는 안 되겠죠? 인간은 생각하고 해결책을 만들어내는 존재라고 앞서 이야기했잖아요. 무시무시한 인공지능을 만들어낸 존재가 인간이라는 희망적 사실도 간과해서는 안 돼요.

2부

의미를 꿰뚫으면
답이 그냥 보여요

: 비율과 변화, 평균

파이 몰라도
넓이를 구할 수 있다

자, 다음 문제를 한번 풀어볼까요? 원의 반지름의 길이가 π라고 할 때, 큰 정사각형은 작은 정사각형 넓이의 몇 배일까요?

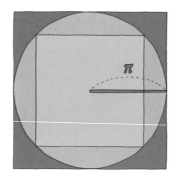

이 문제는 비율Ratio을 구하는 거예요. 그러니 π에 해당하는 하나의 수는 의미가 없어요. 그냥 무시하기로 해요.

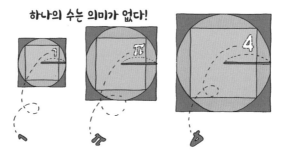

하나의 수는 의미가 없다!

그리고 중심을 보는 거예요. 현재 그림의 위치는 무시하고 이렇게 한 번 돌려볼까요?

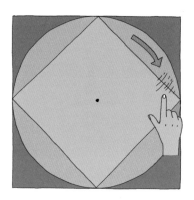

이제 원은 날려버려요. 그냥 무시하고 없애버리는 거죠.

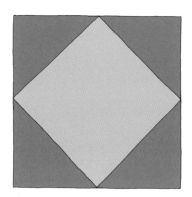

자, 그러면 사각형 두 개만 남았죠? 어때요? 작은 사각형이 큰 사각형의 반이니까, 큰 사각형은 작은 사각형의 두 배. 답 나왔네요. 끝!

이 문제의 핵심은 비율을 구하는 거예요. 그러니 각각의 크기를 직접 구할 필요가 없어요. 도형의 크기나 도형이 자리 잡은 위치는 무시해도 돼요.

그럼 다음 문제도 한번 풀어볼까요? 다음 그림에서 초록색 부분의 넓이는 직사각형 전체 넓이의 몇 배일까요?

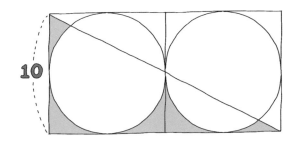

색이 칠해진 넓이가 전체 사각형의 몇 배인지 묻는 거니까 도형의 정확한 넓이는 알 필요가 없어요. 그러니 전체 사각형에서 나머지 도형을 없애고 색칠한 부분만 남겨진 사각형을 한번 그려보는 거예요. 이때 10이라는 수도 잊어버리기로 해요.

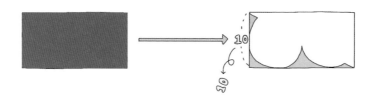

그러고 나서 이 넓이를 다음과 같이 돌려보는 거예요.

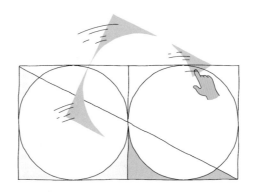

어때요? 딱 반에 해당하는 것에 둘러싸이죠? 자, 이제 한쪽 정사각형 하나에 다 들어왔어요. 여기서 원의 넓이를 빼면 색칠한 부분의 넓이가 나오겠죠?

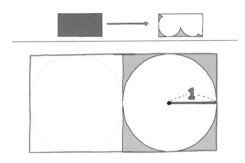

원의 반지름을 1이라고 할 때, 정사각형 하나의 넓이는 원의 지름이 2니까 2×2=4예요. 원의 넓이를 π라고 하면 초록색 부분의 넓이는 4−π예요.

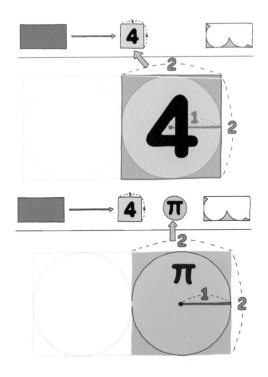

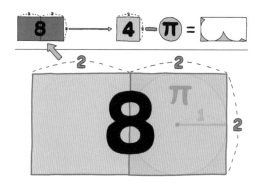

그리고 전체 면적은 4 곱하기 2니까 8. $\frac{4-\pi}{8}$ 배! 끝!

직관으로 한방에 꿰뚫는
피타고라스의 정리

이번에는 피타고라스의 정리를 배워볼 거예요. 피타고라스의 정리, 아주 유명하죠? 선행학습을 조금 했다 하는 학생들이라면 한 번쯤 들어봤을 거예요. 저는 처음 듣는데요, 하는 친구가 있나요? 괜찮아요 지금 한방에 정리할 거니까요.

피타고라스의 정리는 간단히 말하면 다음과 같아요. '직각삼각형에서 가장 긴 변 길이의 제곱은 다른 두 변의 길이 제곱의 합과 같다.' 다시 말해 $a^2 = b^2 + c^2$ 라는 것이죠.

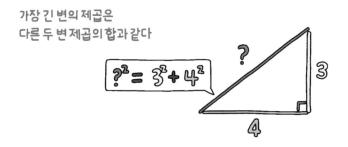

문제는 이것의 진짜 의미를 알지 못한 채 공식처럼 외워버린다는 거예요. 심지어 피타고라스의 정리를 증명하는 법도 달달 외워요. 그렇게 외우면 어떤 문제가 있을까요? 문제를 풀면서 알아봐요.

다음 문제를 풀어보세요.

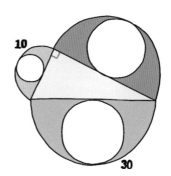

"파란색으로 색칠된 부분의 넓이
가 10, 초록색으로 색칠된 부분의
넓이가 30일 때, 빨간색으로 색칠
된 부분의 넓이는 얼마일까요?"

이 문제, 어떻게 풀까요? 보통의 경우 이렇게 풀어요.

① 초록색으로 색칠된 도형이 붙은 변의 길이를 구하고,

② 파란색으로 색칠된 도형이 붙은 변의 길이를 구한 뒤

③ 피타고라스의 정리를 써서 빨간색으로 색칠된 도형이 붙은 변의
   길이를 구하고

④ 빨간색 도형의 넓이를 구한다

초록색으로 색칠된 도형의 반지름의 길이를 x라고 하면 초록색으로
색칠된 도형 속 원의 반지름의 길이는 $\frac{x}{2}$가 되겠죠. ①에 해당하는
식을 세워 풀어볼게요.

$$\frac{\pi}{2}x^2 - \pi(\frac{x}{2})^2 = 30 \rightarrow \frac{\pi}{2}x^2 - \frac{\pi}{4}x^2 = 30 \rightarrow \frac{\pi}{4}x^2 = 30 \rightarrow x^2 = \frac{120}{\pi} \rightarrow$$

$$x = \sqrt{\frac{120}{\pi}} = 2\sqrt{\frac{30}{\pi}} \rightarrow 2x = 4\sqrt{\frac{30}{\pi}}$$

①만 해도 매우 복잡하죠?

간단하게 표현해서 이 정도지, 사실 각 과정마다 미지수를 놓고 식을 세워야 해요. 그뿐만이 아니에요. 색칠된 부분은 반원에 원이 빠진 부분이니까 그 부분을 빼는 과정까지 거치면 엄청 복잡하고 힘든 일이 될 거예요. 이런 방식으로는 어떻게든 풀었다 해도 계산 실수가 나올 가능성도 커요. 피타고라스의 정리를 제대로 안다면 이렇게 풀 이유가 전혀 없어요.

그렇다면 피타고라스의 정리를 쉽게 증명해볼게요.

제곱을 보면 '스퀘어', '정사각형'을 떠올릴 수 있어야 해요. 한 변의 길이가 a인 정사각형 a^2, 한 변의 길이가 b인 정사각형 b^2, 한 변의 길이가 c인 정사각형 c^2을 떠올리는 거죠.

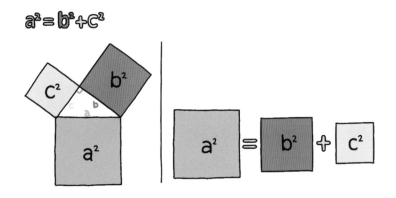

한 변의 길이가 a인 정사각형의 넓이는 한 변의 길이가 b인 정사각형의 넓이와 한 변의 길이가 c인 정사각형의 넓이와 같다는 것을 알 수 있어요.

a, b, c를 변으로 가진 직각삼각형을 보니, 직각삼각형의 특징이 떠오르죠? 직각삼각형은 다음의 그림처럼 잘랐을 때, 자르기 전과 잘라서 나온 두 직각삼각형이 모두 닮았어요. 분해해도 서로 닮아 있네요.

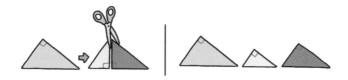

원래의 직각삼각형을 엄마 삼각형, 잘라서 나온 두 직각삼각형을 각각 형 삼각형과 동생 삼각형이라고 해볼게요. 엄마 삼각형은 형 삼각형과 동생 삼각형의 합이 되겠죠?

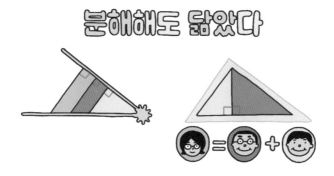

그리고 각 직각삼각형에 정사각형을 붙인 뒤, 분리해보아도 세 개가 모두 닮았다는 사실을 알 수 있어요.

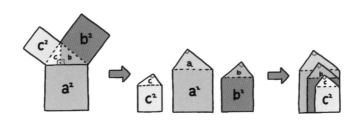

이때도 역시 직각삼각형과 정사각형을 합친 오각형 중 가장 큰 엄마 오각형(직각삼각형+정사각형)은 형 오각형과 동생 오각형의 합'으로 생각할 수 있어요.

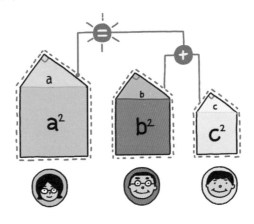

엄마 직각삼각형이 형 직각삼각형과 동생 직각삼각형의 합인 건 알겠는데, 엄마 정사각형이 나머지 정사각형 두 개의 합이 된다는 것은

어떻게 증명할 수 있을까요? 서로 닮은 도형 사이에는 변하지 않는 것, 바로 '비율$_{Ratio}$'이 있기 때문에 증명할 수 있어요 세 개의 오각형은 닮았기 때문에 각각 크기는 다르지만 오각형 안에서 정사각형과 직각삼각형의 비율은 일정할 수밖에 없어요.

다음의 그림과 함께 볼까요? 엄마 직각삼각형이 엄마 정사각형 a^2의 r배라고 하면 형 직각삼각형도 형 정사각형 b^2의 r배이고, 동생 직각삼각형도 동생 정사각형 c^2의 r배예요. 이것을 식으로 나타내면 $ra^2=rb^2+rc^2$이 되겠죠? 이때 양변을 r로 나눠주면 $a^2=b^2+c^2$이네요. 증명 끝!

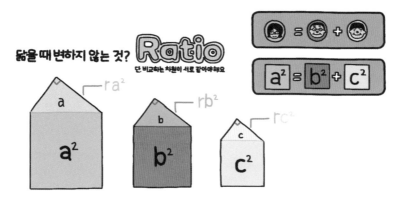

공식이 아니라 핵심을 꿰뚫고 있으면 응용할 수 있는 직관이 생겨요. 지금처럼 한 변에 붙은 도형이 꼭 정사각형이어야 하는 것도 아니에요. 중요한 것은 '닮은 도형끼리는 비율이 일정하다'는 거예요. 직각삼각형의 세 변에 반원이나 별이 붙어도 마찬가지로 피타고라스의 정리가 성립되죠.

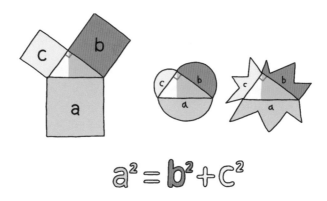

$$a^2 = b^2 + c^2$$

자, 처음에 보았던 문제로 돌아가 볼까요? 이제 보일 거예요.

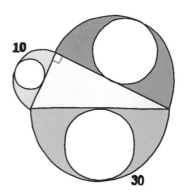

색칠된 세 도형은 닮은 도형이니까 빨간색으로 색칠된 도형의 넓이는 30–10＝20, 끝! 핵심을 알고 나니 푸는 데는 5초도 안 걸리죠?

① 초록색으로 색칠된 도형이 붙은 변의 길이를 구하고

② 파란색으로 색칠된 도형이 붙은 변의 길이를 구하고

③ 피타고라스의 정리를 써서 빨간색으로 색칠된 도형이 붙은 변의
  길이를 구하고

④ 빨간색 도형의 넓이를 구한다

이렇게 복잡하게 풀 필요 없잖아요. 문제를 보자마자 직관으로 즉시, 증명하라고 해도 즉시 풀 수 있게 됐어요. 응용하는 힘은 이렇게 생기는 거예요.

아이큐 150 이상인 학생은
바로 푸는 문제

여기서 문제 하나! 다음 도형을 정사각형으로 만들어보세요. 잘라 붙여서, 정확하게.

보통 이런 문제는 수학경시대회나 IQ 테스트에 많이 나오곤 하지요. 누가 누가 머리가 좋은지를 알아보고자 하는 거예요. 그러니 이런 문제를 잘 풀면 좋겠죠? 문제를 잘 풀기 위한 힌트를 줄게요. 첫 번째 힌트 나갑니다!

힌트가 좀 어렵나요? 감이 잘 안 오죠? 그렇다면 두 번째 힌트 나갑니다! '정사각형' 하면 떠오르는 것이 뭘까요? 바로 '뿌리'예요. 뿌리를 알아야 정사각형을 그릴 수 있어요. 뿌리를 찾으세요.

아직도 알쏭달쏭한가요? 마지막 힌트를 줄게요. 뿌리를 찾으려면 '정사각형 넓이'를 알아야 해요. 도형을 오려 붙여도 넓이는 변하지 않으니까 먼저 넓이를 구하는 거예요. 자, 따라와 보세요. 마지막 힌트인 넓이를 이용해서 이 문제를 함께 풀어보도록 해요.

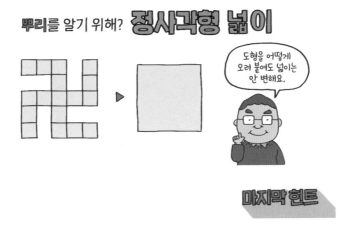

그럼 이 넓이를 한번 볼까요? 한 칸을 1이라고 하고 세어 보면 17이 네요. 그렇다면 정사각형 넓이는 17이에요. 이렇게 해서 뿌리를 찾았 어요. $\sqrt{17}$.

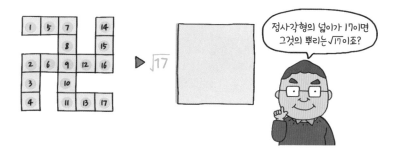

다음 도형을 정사각형으로 만들어라

이제 $\sqrt{17}$이 (한 변의) 길이인지는 알았어요. 두 번째 힌트를 알았으니 까, 첫 번째 힌트를 다시 볼까요? 여기 1짜리 정사각형 4개의 대각선 이 $\sqrt{17}$이라고 되어 있어요. 그렇다면 한 변이 $\sqrt{17}$인 정사각형으로 만 들면 되겠죠?

이렇게 만들면 돼요.

① 주어진 도형을 좀 더 단순한 도형으로 만들어요.

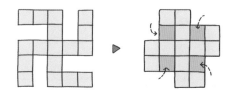

② 이렇게 만들고 나니 한 변이 $\sqrt{17}$ 인 정사각형이 쉽게 보여요.

③ 남은 넓이와 채워야 할 넓이가 딱 맞아 떨어져요.

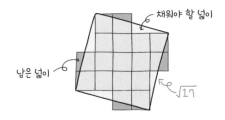

채워야 할 넓이

남은 넓이

$\sqrt{17}$

④ 남은 넓이를 잘라 붙이면 끝!

다음 도형을 정사각형으로 만들어라

한 변의 길이 $\sqrt{17}$

(1짜리 정사각형 4개의 대각선 길이)

이 문제의 핵심은 두 가지예요. 첫째, '정사각형' 하면 떠올려야 할 것은 뿌리! 뿌리로 정사각형을 만드니까요. 둘째, 정사각형 넓이를 구하려면 현재 이 모양의 넓이를 구해야 한다는 것. 왜? 모양을 바꾸어도 넓이는 똑같으니까요. '위치는 무시'하는 거죠.

① **뿌리**(feat. 정사각형)
② **위치 무시**

이 두 가지만 알면 문제를 쉽게 풀 수 있어요. 하지만 수능 준비를 다한 고등학생들조차 이 문제를 거의 못 풀어요. 아무리 공식을 외워봤자 문제에 적용할 수 없으니까요. 문제 천 개를 푸는 것은 중요하지 않아요. 시간도 많이 들고, 노력도 해야 하고, 새로운 문제가 나오면 또 2천 개, 3천 개의 문제를 대비해야 하니까요.

중요한 건 한 문제를 보더라도 문제 안에 무슨 의미가 있고, 그 문제를 어떻게 풀어야 하는지, 왜 그렇게 하는지를 생각하는 힘이에요. 그 힘을 무한히 응용해서 다른 문제를 다 풀 수 있어야 해요. 그래야 수학을 잘할 수 있어요. 지금처럼 루트를 익힐 때는 '아, 이래서 정사각형의 뿌리가 중요하구나' 하는 걸 알면 돼요. 수학 공부는 이런 식으로 해야 해요.

함수 문제 5초 풀이법, 변화와 관계만 알자

함수 문제는 또 어떻게 풀면 좋을까요? 여기에도 다 방법이 있어요. 먼저 다음 문제를 한번 풀어볼까요?

> **문제**
>
> $$y = 45x + 65$$
>
> 현재 y값이 200이다.
> 이때 현재 x값에 2를 더하면
> 그때 y값은 얼마일까요?

푸는 데 시간이 얼마나 걸렸나요? 이 문제도 '5초 풀이'가 가능합니다. 그 방법에 대해서 공부해볼게요.

사람은 미래를 궁금해하고 어떻게든 예측하고 싶어 하죠? 왜 그럴까요? 변화하기 때문이에요. '변화'를 예측하고, 그 변화에 맞춰 가거나 혹은 원하는 대로 만들어내고 싶은 거예요. 지금, 그 변화를 표현하는 방법을 알아볼게요.

자, 원이 몇 개가 보이나요? 원이 가만있지 않고 계속 움직이면서 늘어나니까 어렵죠? 이 움직이는 걸 어떻게 표현하면 좋을까요?

일단, 멈춘 것만 표현할 줄 알아도 돼요. 멈추면 총 몇 개의 원이 보이나요?

아, 15라고 하지 말고 보이는 대로 말해보세요. 보이는 대로!

네, 맞아요. 3×5, 3×6, 3×7 이렇게 착, 착, 착 움직일 때마다 표현이 되는데 원이 막 움직이고 있으면 '?' 자리에 뭐라고 쓰면 돼요? 이때 x를 쓰는 거예요. 그러면 움직이는 전체는 $3x$가 되겠죠.

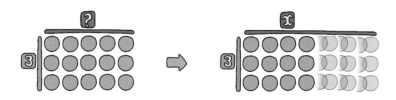

x는 이렇게 계속 변해요. 이럴 때는 x가 5이고, 저럴 때는 x가 7이고…. 이렇게 x가 계속 변하기 때문에 x를 '변하는 수', 즉 '변수'라고 해요. 영어로는 '배리어블Variable'이라고 하고요. 5일 때는 3×5, 6일 때는 3×6. 굳이 계산하면 3×5=15, 3×6=18. 이렇게 x가 변하니까 전체 개수가 변하잖아요? 그래서 깨봉 수학에서는 x를 '변화유발자'라고 해요.

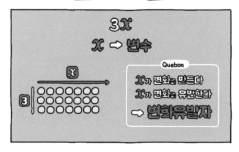

이제는 움직이는 이미지를 식으로 표현할 수 있고, 또 식이 나오면 이것을 움직이는 이미지로 생각할 줄 알아야 해요. 전체 원의 개수는 x 때문에 변하겠죠? x가 안 변하면 전체 개수도 안 변해요. x가 10으로 멈추면 전체 원의 개수는 30으로 멈춰 있고, x가 1로 멈추면 3으로 멈춰 있겠죠. 이렇게 $3x$는 'x 때문에 변하는 것', 이것을 간단하게 'x의 함수'라고 해요.

$3x$
= x 때문에 변하는 것
= x의 함수(function)

영어로 함수가 '펑션Function'이에요. 버스, 인터넷처럼 그대로 영어에서 따온 거예요. 그대로 따왔으면 '펑션' 이렇게 표기해야 하는데 좀 이상하죠? 안타깝게도 중국에서 발음대로 따온 의미 없는 한자 '한슈函數'를 우리 식으로 읽으니까 '함수'가 된 거예요. 좀 웃기죠? 이렇게 우리나라에서 쓰는 수학 용어 중에 말이 안 되는 것들이 종종 있답니다.

하여튼 x 때문에 변하는 것, x의 함수. 영어로는 x의 Function, Function of x. 수학 언어로는 of를 괄호로 더 줄여서 '$f(x)$'로 표현해요. 이제 '$f(x)$' 이런 표현을 보면 바로 읽을 수 있어야 해요. x의 펑션? 아, x 때문에 변하는 식이구나. x는 변화유발자구나! 그리고 눈에 보이는 것 전체를 일반적으로 y라고 써요. y는 x의 펑션!

자, 일상에서 비유를 한번 들어볼게요. 일반적으로 우리가 밥을 많이 먹으면 살이 찌겠죠? 그래서 체중은 먹는 양에 따라 달라진다고 할 수 있어요. 그래서 체중은 '먹는 양의 평션'이에요. 그러니까 '먹는 양'이 x, 변화유발자! 그리고 체중이 y, 즉 '보이는 것', 결과!

물론 운동 같은 것도 체중에 영향을 미치지만, 다른 조건은 같다고 가정해요.

체중은 먹는 양 때문에 변한다

더 훌륭한 예를 하나 들어볼까요? 깨봉 수학을 많이 보면 수학 점수가 올라가죠. 그래서 깨봉 수학을 보는 시간 때문에 수학 점수가 달라져요. 그러니까 수학 점수는 깨봉 수학을 보는 시간의 함수예요. 깨봉 수학을 보는 시간이 x, 변화유발자. 그리고 수학 점수가 y, 결과 또는 보이는 것. 이런 것이죠. 여기서 x를 인풋Input, y를 아웃풋Output이라고도 해요. 뭔가 작동하는 것 같잖아요? 입력 인풋과 결과 아웃풋!

자, 이제 두 개 사이에 '관계'가 만들어졌어요. y는 3x, 즉 x의 3배. 그러니까 y는 x의 3배. 이것이 관계, 이것이 펑션! x가 변화하면 y가 변화하죠? x가 변화유발자니까 나를 변화를 시키는 x라고 생각하고, 그럼 y가 변하니까 y를 상대방이라고 생각해봐요. 그러면 내가 변화를 시키면 상대방은 얼마나 변할까? 그 '관계'를 이제 알 수 있어요.

자, 그럼 이제 이 관계를 알아내야 하는데, 이 세상의 관계 중에 가장 중요하고 많이 쓰이는 관계가 있어요. 바로 수학에서 '몇 배'라는 것이에요. 우리가 일상생활에서 쓰는 질문들을 한번 보세요. 예를 들어, "이거 붕어빵 얼마예요?"라는 질문은 바로 '몇 배'를 묻는 거예요. "내가 붕어빵 10개를 사고 싶은데 붕어빵 가격이 어떻게 돼요?"를 정리하면 '10개×1개의 가격', 즉 '몇 배'죠?

또 있어요. 미국에 유학 가서 아르바이트를 한다고 해봐요. 시급이 8달러라면 '시간의 8배'죠? 그러면 '음, 내가 하루 4시간을 일하면 곱하기 8해서, 하루에 32달러 벌 수 있겠구나' 하고 바로 알 수 있잖아요? '몇 배'가 이래서 중요한 거예요.

자, 이제 '변화'로 돌아와서 내가 10 변화하면 상대방은 얼마나 변할까, 이게 궁금해요 그럴 때 그 '몇 배'를 알면 쉽겠죠? 5배라고 치면 내가 10 변화하면 상대방은 50이 변하는 거예요 반대로 상대방을 '100'으로 변하게 하고 싶으면 나는 '20'이 변하면 되는 거고요. 그래서 '몇 배'를 알고 싶은 거예요. 상대방 변화는 내 변화의 몇 배인지 알고 싶은 거죠.

여기 y = 3x가 있어요. x는 변화유발자예요. 그러면 y의 변화가 x 변화의 몇 배인지를 한번 알아봐요. 여기서 내가 2를 움직이면 y 변화는? 내가 다시 2를 움직이면 y 변화는? 6이 아니고 3×2라고 대답하는 게 좋겠죠? 그럼 y 변화는 내 변화의 몇 배예요? 아까도 3, 지금도 3 똑같죠? 이렇게 늘어날 때도 y 변화는 x 변화의 3배, 즉 내 변화의 3배! 항상 똑같죠? 바로 보이잖아요.

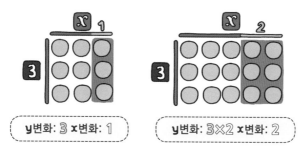

이제 한 단계 더 들어가봐요. 움직이는 원들의 개수를 식으로 나타내보세요. 아까와 똑같으니까 3x이고 분홍색 원이 2개 더 있으니까 더하기 2. 여기서도 x가 변화유발자. 전체 보이는 것, 결과를 y라고 놓으면 y는 x의 펑션, x는 변화유발자.

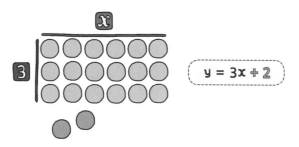

$y=3x+2$에서 x와 y의 관계를 말로 표현하면? 간단해요. y는 x의 3배를 한 다음에 2를 더한 것. 이렇게 말하면 돼요. 수로 나타내라면? 내(x)가 1이라고 하면 y는 5, 2이면 8, 3이면 11. 내가 a라고 하면 그냥 그대로 3a+2. 가장 일반화해서 나타낸 표현이에요.

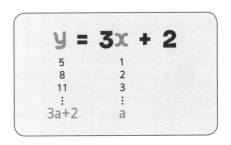

이제 다시 변화를 봐요. 중요한 것은 이거예요. y의 변화는 내 변화, 즉 x의 변화의 몇 배인지를 보는 것. 2는 변화에 전혀 영향을 미치지 못하죠? 그냥 그대로 있으니까요. x 변화에 상관이 없으니까 y 변화에도 전혀 상관이 없어요. 여기서 2는 변하지 않고 항상 2예요. 그래서 '항상 같은 수'라고 해서 '상수항'이라고 해요. 그래서 $3x$와 $3x+2$ 둘 다 '변화가 몇 배?'에 대한 답은 3으로 똑같아요.

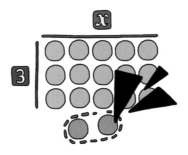

이제 응용문제를 풀어볼까요?

> **문제**
>
> $y = 10x + 1234$
>
> 여기서 x가 5에서 7로 되면
> y는 얼마가 변할까요?

여기서 x는 5에서 7로 '2' 변했죠? 묻는 것은 'y의 변화'이고요. 답은 그냥 'x 변화의 10배'예요. 수식에 이미 10이라고 써있잖아요. x 변화가 '2'니까 y 변화는 10배 해서 20, 끝! 이 문제의 핵심은 '변화'를 묻는 거예요. '내 변화의 몇 배'인지를 이용하면 돼요. 내 변화는 알고 있으니까요. 따라서 x가 5일 때 y값, x가 7일 때 y값, 그것이 얼마나 변했는지를 일일이 구할 필요가 없어요.

자, 이제 맨 처음 제시되었던 문제를 다시 한번 풀어볼게요.

> **문제**
>
> $y = 45x + 65$
>
> 현재 y값이 200이다.
> 이때 현재 x값에 2를 더하면
> 그때 y값은 얼마일까요?

현재 y값이 200이에요. 'x값에 2를 더하면 y값은 얼마일까요?' 이미 '내 변화(x)'는 알고 있어요. '2'라고 친절하게 쓰여 있잖아요. 더하기가 변화를 만드는 거니까요. 상대방 변화는 그것의 몇 배? 45배. 그러니까 상대방은 90이 변했겠죠? 200에서 90이 변하면 290. 끝!

함수의 핵심은 '변화'를 표현하는 법 그리고 '변화들의 관계', 즉 몇 배인지 아는 것이에요. 변화를 표현할 때는 변화유발자 x를 사용해요. 결과는 y이고요. y는 x 때문에 변하니까요. x가 변화유발자, x 때문에 변하는 것, x의 펑션. 즉 y는 x의 펑션.

또 중요한 '관계'는 변화 사이의 관계라는 것. y의 변화는 x의 변화의 몇 배인지 아는 게 중요하다는 것 잘 알았죠? '상대방 변화는 내 변화의 몇 배?' 이걸 알면 상대방 것을 알 수 있어요. 이제 '변화'와 '관계'의 핵심을 파악했어요. 여러분은 이미 미분의 세계에 들어온 거예요.

다음 수 어떻게 예측할까? 수열 완전정복

이제 다음 수 예측하기, 컴퓨팅 사고력Computational Thinking을 길러보도록 할게요. 먼저 퀴즈를 하나 내볼게요. 1만 번째 수는 무엇일까요?

문제를 풀려면 묻는 것의 핵심을 알아야겠죠? 그냥 수열 문제처럼 보이지만 이 문제의 핵심은 '예측'이에요. 예측은 변화를 파악하고 패턴을 인지한 뒤 나오는 최종 결과예요. 그 예측이 수열이고요.

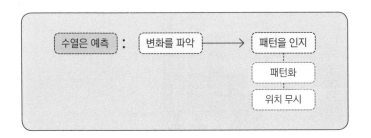

여기 수들을 이미지로 한번 봐요. 첫수가 1이니까 큐브 하나 놓고, 두 번째 수가 3이니까 3개가 있어야 하는데, 이미 1개 놓여있으니까 2개만 가져다 놓으면 돼요. 세 번째 수는 7이니까 4개만 더 가져다 놓으면 전체가 7이 되죠?

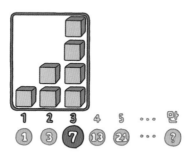

이렇게 더 가져다 놓는 것이 바로 '변화'예요. 큐브 한 줄, 한 줄이 변화인 거죠. 그다음 수 13이 되려면 6개 더 놓고, 그다음 수 '21'을 맞추려면 몇 개를 더 가져다 놓아야 해요? 그렇죠, 8개예요. 아까 말한 것처럼 큐브 한 줄, 한 줄이 모두 변화예요.

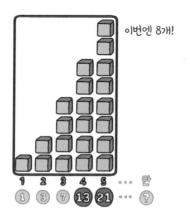

이번엔 8개!

이제 뭔가 감이 오죠? 뭔가 패턴이 보이죠? 다음에는 몇 개를 더 갖다 놓으면 될까요? 조금 전 '변화'보다 2개 많은 것을 더하면 되겠죠? 그러면 몇 개? 그러면 '21'보다 10개가 더 많은 수가 되겠네요. 그래서 다음 수는 31!

자, 이제 저 멀리 있는 수를 예측하려면 전체 판도를 봐야 해요. 전체적인 '패턴'이 있어야겠죠? 우리는 이미 패턴이 뭔지 파악했어요. 더해지는 '변화'들이 2개씩 늘어났잖아요. 자, 그런데 이 패턴에 맞지 않는 곳이 있어요. 그곳은 어디일까요? 뒤에서부터 패턴을 쭉 그려봐요. 제일 처음이 이상하죠? 다른 곳과 달리 첫 번째만 '2개 차이'가 아니에요. 어떻게 되어 있으면 패턴에 맞아 떨어지겠어요?

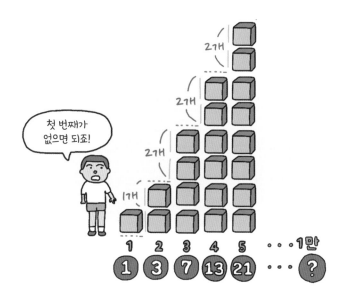

그래요, 첫 번째가 없으면 돼요. 그러면 모두가 2개 차이! 그렇다고 막 없애버리면 안 되는 것 알죠? 어떻게 해야 할지 잠시 생각해보세요. 여기서 힌트는 무시! '수학은 무시', 그중에서 위치 무시!

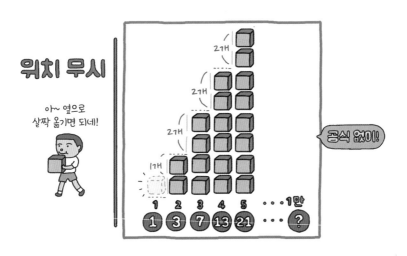

이렇게 놓고 보니 이제 패턴이 딱 맞네요. 그런데 우리는 1만 번째 수가 무엇인지 예측해야 하니까 네모 안 큐브의 전체 수를 알면 돼요. 단, 아무런 공식 없이요 이렇게 2개씩 늘어나는 것들 중에 가장 쉽게 생각나는 것이 뭔가요? 바로 1, 3, 5, 7, 9예요. 왜? 이것들을 더하면 바로 스퀘어니까요.

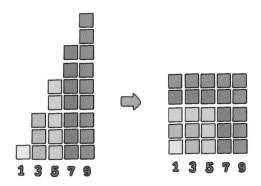

이렇게 1, 3, 5, 7, 9로 바꾸려면 어떻게 해야 해요? 빌려올 데가 없으
니까 없는 곳에서 하나씩 빼 와요.

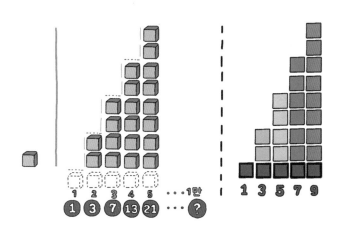

이렇게 1, 3, 5, 7, 9가 됐어요. 이제 전체적으로 1만 번째까지 모두 세
면 되겠죠? 1만 개 줄을 모두 더하면 1만 스퀘어, 1만²이죠? 아래쪽
은 쭉 하나씩 빠져서 1만 개가 빠졌으니까 -1만. 그리고 아까 옮겨 놓

은 것 1개. 이제 이걸 모두 더하면 $1만^2-1만+1$. 즉, 1억 번째 수는 그냥 $1억^2-1억+1$. n번째 수도 그냥 n^2-n+1. 사람들이 매우 어렵다고 말하는 문제이지만 깨봉 식으로 생각하면 공식 하나 없이 이렇게 쉽게 풀려요.

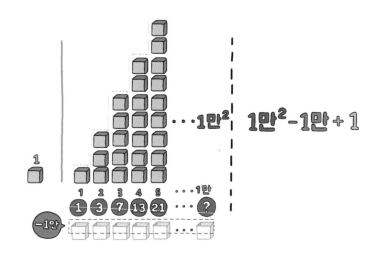

이 문제를 그냥 공식으로 무작정 풀려고 하면 안 돼요. 그건 '모르는 것'이나 마찬가지예요. 지금 배운 것처럼 자기가 하고 있는 일을 왜 이렇게 하는지 정확히 알아야 해요. 그래야 풀어가면서 내가 맞다는 확신이 들어요. 그래도 질문하는 사람이 있어요. "이미지 없이 수식을 써서 학교에서 배운 대로 풀라고 하면 어떻게 하냐"고. 지금 몸으로 배웠잖아요. 아주 확실하게 아는 거예요. 이것을 수식으로 나타내는 것은 매우 쉬운 일이에요. 수학적인 언어로 바꿔주는 것일 뿐이니까요.

요약해볼까요? '수열'은 '예측', 예측하려면 '변화'를 알아야 하고 그 변화의 패턴을 찾아낼 줄 알아야 해요. 패턴에 안 맞는 곳은 패턴으로 만들면 돼요. 어떻게? 바로 '위치 무시(추상화)'예요. 옆으로 움직이든지, 빌려오든지. 그리고 변화들의 합이 바로 '스퀘어'죠.

지금 배운 것들, 예측하기, 변화 알기, 패턴 알기, 추상화하기 등 이것들이 곧 '천재들의 특징'이에요. 컴퓨팅 사고력의 핵심이기도 하죠. 컴퓨팅 사고력은 코딩 교육이나 컴퓨터 사이언스에서 아주 중요한 핵심 능력이에요. 인공지능 시대를 살아갈 사람들에게 꼭 필요한 능력이죠. 이 능력들은 수학적 사고를 통해서만 키울 수 있어요.

변화로 알아채는
미분의 모든 것

이런 기호 $\int$, d를 보기만 해도 머리가 지끈거리나요? 그건 이 기호들의 뜻을 정확히 모르기 때문에 그래요. 알고 나면 수학이 얼마나 쉽고 재미있다고요.

먼저 문제를 하나 내볼게요. 여기 대나무들이 있어요. 하루 동안 어떤 대나무가 가장 많이 자라게 될까요?

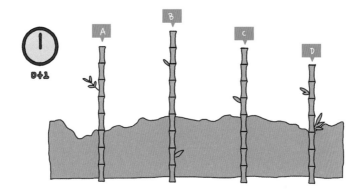

이 문제는 어떤 대나무의 변화가 큰지를 묻는 거예요. 따라서 예측하는 것이 핵심이에요. 즉 변화를 묻는 것이죠. 그렇다면 답은 뭘까요? 혹시 B라고 생각했나요, 지금 가장 크니까? 글쎄요. B는 이미 다 자라서 더 이상 안 클 수도 있겠지요.

이 문제에서 먼저 생각해야 할 것은 대나무 키와 관계가 있는 것이 무엇인가 하는 점이에요. 무엇이 변해야 대나무 키가 변할까요? 변화 유발자를 찾아야겠죠? 변화유발자의 대표 선수 격이 하나 있어요. 바로 '시간'이에요. '시간이 약이다', '10년이면 강산도 변한다' 이런 말 들어보았죠? 이 문제에서도 시간이 중요해요. 시간이 흐르면 대나무가 자라니까요.

하루 평균 얼마나 자라는지 생각해야 해요. 다음 그림을 볼까요? 각 대나무가 하루 평균 얼마나 자랐는지 알 수 있어요. 하루 평균 자라난 길이를 보면 A가 가장 크네요.

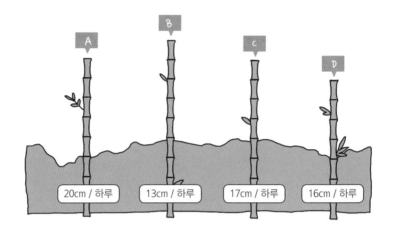

이 정보를 바탕으로 다음 하루 동안 A가 가장 많이 자랄 것이라고 예측할 수 있을까요? 꼭 그렇지만은 않아요. 왜 그럴까요? 대나무가 매일 똑같이 자라지는 않으니까요. 사람 키도 마찬가지예요. 어릴 때는 빨리 자라잖아요. 점점 자라는 속도가 늦춰지다가 어느 순간부터는 키가 크지 않아요. 그래서 평균을 이용하면 늙어서도 계속 큰다는 부정확한 예측을 하게 되는 거지요.

그러면 어떤 정보가 중요할까요? 힌트 하나를 줄게요. 대나무는 갑자기 크거나 갑자기 줄어들지 않아요. 사람 키처럼 말이죠. 자라나는 대나무의 키를 선으로 표시하면 부드럽게 이어진다는 사실을 알 수 있어요. 따라서 문제를 풀기 위해서는 각 대나무의 '직전에 자란 키' 정보가 중요해요.

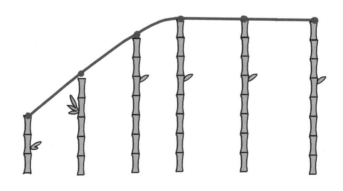

예를 들면, 직전 하루 동안 얼마가 자랐는지가 중요하겠죠. 다음 그림에 각 대나무의 최근 하루 동안 자란 길이가 나와 있어요. 최근 하루 동안 A는 3cm, B는 4cm, C는 8cm, D는 6cm가 자랐네요

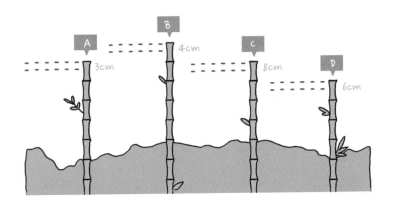

보니까 C가 가장 많이 자랐어요. 최근 하루 동안 길이 변화가 가장 큰 나무는 C예요. 그래서 "C가 내일 가장 많이 자랄 것이다"라고 예측할 수 있어요. 여기서 변화유발자인 시간의 간격을 좁히면 더 예측이 정확해지겠죠? 다음 1시간을 더 정확히 예측하고 싶다면 이전 1시간에 자란 길이를, 더 좁혀서 다음 1초를 예측하고 싶다면 이전 1초에 자란 길이를 알아야 해요. 그래야 예측이 정확해지죠. 예측하는 법 참 쉽죠? 변화를 좁히고, 좁혀서 꺼내면 더 정확해져요.

∫, *d* 이 두 개가 바로 극히 작은 변화와 관계있는 수학 기호예요. 다음 그림을 보세요. 넓이가 변화하는, 움직이는 정사각형이 있어요. 점점 커지는 순간 찰칵, 하고 순간의 변화를 찍어봤어요.

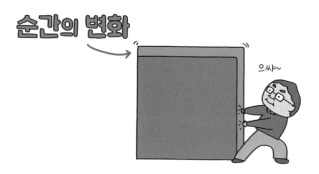

변화를 끄집어내는 것을 '*d*한다'라고 해요. 정사각형을 s라고 하면 s의 변화를 끄집어냈으니까, 다시 말해 s를 *d*한 것이죠. 이걸 *d*를 앞에 쓰고 s를 뒤에 써서 *d*s라고 표현해요.

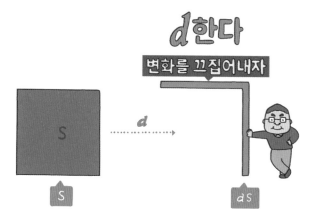

이렇게 s의 순간적인 변화 *ds*는 매 순간마다 수없이 많이 꺼낼 수 있겠죠?

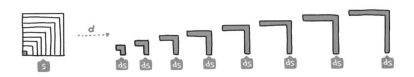

그러면 무수히 많은 *ds*를 다시 쭉 합하면 원래 s가 되겠죠? 이렇게 쭉 합하는 것을 Sum이라고 해요 *ds*를 무수히 연결해서 합한 거라 Sum의 s를 길게 늘려서 $\int$, 이렇게 써요 이것을 '인테그랄Integral'이라고 부르기로 약속했고요.

정리하면, *d*한다는 것은 순간의 변화를 끄집어낸다는 뜻이고 인테그랄한다는 것은 그 무수한 변화를 합한다는 뜻이에요. 그러니까 인테그랄 뒤에는 반드시 순간적인 변화가 나와야 해요. 즉 *d*가 꼭 있어야하는 거죠.

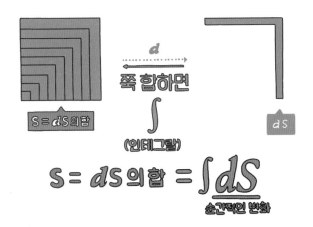

$\int$과 d는 극히 작은 변화를 꺼내거나 합하는 수학 기호예요.

이해하기 쉽게 저금통으로 간단히 예를 들어볼게요. 매일매일 저금통에 돈을 넣어 저금하고 있다고 해봐요. 저금통 안에 있는 돈의 액수가 변할 거예요. 이때 하루하루 변하는 돈이 액수를 d한 것이에요.

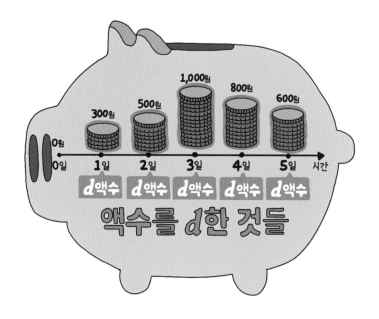

액수를 d한 것들을 다 모으면 다시 현재 모인 돈의 액수가 되겠죠? 그 'd액수'를 다 합한다는 뜻으로 인테그랄, $\int$을 붙이면 돼요.

현재 액수는
이것들을 다 모은 것
d액수   합하라

▼

$$\int d\text{액수} = \text{액수}$$
5일 동안   5일 동안

한방에 정리해볼까요? 순간적인 변화를 꺼내라는 말은 'd하라', 무수한 변화들을 합하라는 말은 '$\int$하라'예요. 그래서 $\int$ 뒤에는 반드시 d가 있어야 해요. 이것만 알아도 미분과 적분의 핵심을 깨친 거예요.

이미 우리는 움직이는 것을 변화유발자로 나타내는 법, 즉 x 사용법을 배웠어요. 정사각형 넓이, S는 x값에 따라 달라지니까 2의 제곱, 3의 제곱, 4의 제곱, 5의 제곱이 되겠죠. 그럼 정사각형의 넓이, S는 x제곱이죠. 여기서 x가 바로 변화유발자, 정사각형의 한 변의 길이에요.

$$S \xrightarrow{\ d\ } dS = \boxed{?} \times \text{내 변화}$$

$$\underset{\text{상대방 변화}}{}$$

$S = 2^2 \qquad S = 3^2 \qquad S = 4^2 \qquad S = 5^2 \qquad S = x^2$

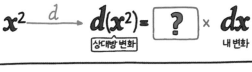

이제 '변화'에 집중해볼게요. S 대신 x^2을 쓰면 이것이 바로 $d(x^2)$이에요. 이때 x를 '나'라고 표현하면 내 변화는 나(x)를 d한 것, dx인 것이죠. S 변화는 내 변화의 몇 배인지를 알고 싶은 거예요. 그럼 dx의 몇 배인지를 찾으면 되는 거죠? 상대방 변화는 내 변화의 몇 배인지 알고 싶은 거죠. 다음 네모 안의 '?'가 궁금한 거예요.

$$x^2 \xrightarrow{\ d\ } d(x^2) = \boxed{?} \times dx$$

$$\underset{\text{상대방 변화}}{} \qquad\qquad \underset{\text{내 변화}}{}$$

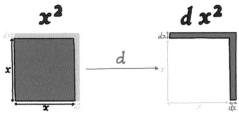

그럼 변화한 넓이는 어떻게 될까요? 다음 그림의 파란색 넓이를 위로 세워서 가로 곱하기 세로를 하면 넓이를 구할 수 있죠 여기서 중앙에 있는 dx를 잠시 무시하면(dx는 눈에 안 보이는 극히 작은 값이라 무시할 수 있어요), 넓이는 $2x$ 곱하기 dx예요.

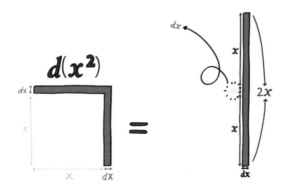

그러면 이제 '?'가 무엇인지 알겠네요. $2x$잖아요. '내 변화의 $2x$배' 이것이 미분이에요. 상대방 변화는 내 변화의 몇 배? 여기서는 $2x$배예요. 그래서 $2x$를 x^2의 미분이라고 약속한 거예요.

$$x^2 \xrightarrow{\quad d \quad} d(x^2) = \boxed{2x} \times dx$$

상대방 변화   미분   내 변화

S를 미분하라(S=x²)

'S를 미분하라(S=x²)'고 할 때, x로 미분한다고 해요. 즉 변화유발자로 미분하는 거죠. S가 x^2이니까, S를 미분하라는 것은 바로 x로 미분하는 거겠죠. x가 변화유발자니까. 이렇게 변화유발자를 콕 집어서 말해줘야 해요.

S를 x로 미분하라(S=x²)

S를 x로 미분하라는 말은 S의 변화는 x변화의 몇 배?, 즉 dS는 dx의 몇 배?인 거예요. 몇 배인지 물어보니까 나눠야겠죠? dS 나누기 dx예요. $\frac{dS}{dx}$로도 쓸 수 있죠. 분수는 나누기(몇 배?)에서 나온 것이니까요.

이제 $\frac{dS}{dx}$와 같은 식을 보면 그냥 말로 해석해봐요. "dS는 dx의 몇 배?" 라고요. "보이는 변화(상대방 변화)는 내 변화의 몇 배?"를 잊지 마세요. 이것이 중요한 것이지 '미분'이라는 단어 자체가 중요한 것이 아니에요. 정리하자면 S는 변해요. 무엇 때문에 변하죠? x 때문에 변해요. $S = x^2$을 보고 'S는 x의 함수function구나' 이렇게 생각할 수 있어요.

자, 이제 좀 자세히 볼까요? S에 x^2을 넣어 봐요. $d(x^2)$은 dx의 몇 배죠? $2x$배예요 몇 배 자체가 변하고 있죠? 몇 배 안에 변화유발자 x가 다시 나왔어요 변화유발자의 값에 따라 결과는 달라지겠죠?

x가 5면 10배, x가 10이면 20배가 돼요. 이미지로 볼까요? x가 5일 때는 2 곱하기 5배, 내 변화의 10배예요 x가 10일 때는 2 곱하기 10배, 무려 내 변화의 20배예요.

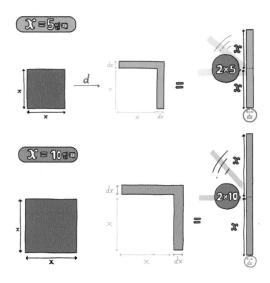

y = 3x 라는 함수에서 y 변화는 x 변화의 3배였죠? 다시 말해 $d(3x)$ 는 dx의 3배를 의미해요. x가 2일 때든, x가 10일 때든 똑같이 내 변화의 3배예요.

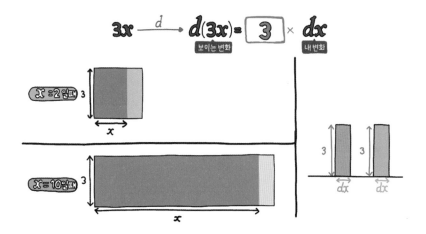

예측의 핵심 열쇠는 '몇 배'예요. '보이는 변화는 내 변화의 몇 배?'가 바로 미분이에요. 미분은 딱 두 단계만 하면 돼요. 1단계, 변화를 꺼낸다. 2단계, 내 변화의 몇 배인지 알아본다. 다시 말해 내 변화로 나눠본다! 끝이에요.

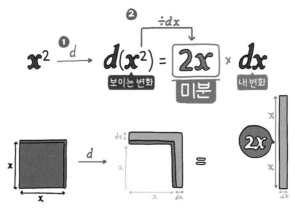

적분이라는 것도 어렵지 않아요. 무엇을 미분했는지만 생각하면 돼요. '(내 변화를 곱해서) 변화를 만들어라', '그 변화는 무엇에서 꺼낸 변화인가' 2가지가 전부예요. 적분도 미리 꿰뚫고 싶은 학생이라면 〈인공지능수학 깨봉〉 유튜브 채널에서 확인해보세요.

무시하면 사형을 면한다:
경우의 수 쉽게 푸는 법

문제가 복잡해지면 아무리 빠른 컴퓨터라 할지라도 문제 푸는 데 많은 시간이 걸려요. 이때 필요한 것이 바로 '무시'예요. 앞에서도 '수학은 무시'라는 말을 종종 했었죠? 보다 자세하게 설명해볼게요.

여기 사형수 세 명이 있어요. 이들에게 사형을 면할 수 있는 기회가 주어졌어요. 자기가 쓴 모자의 색만 맞히면 돼요. 제한 시간은 10분. 한 사람만 맞혀도 세 명 모두 사형을 면할 수가 있어요. 대신 한 명이라도 틀리면 안 돼요.

간수는 사형수 A, 사형수 B, 사형수 C를 한 줄로 앉힌 후에 모자를 씌어주었어요. 모자는 총 다섯 개. 세 개는 노란색이고 두 개는 빨간색인데 무작위로 뽑았습니다. 자, 이제 10분의 시간이 주어지고, 사형수들은 자신이 쓴 모자의 색을 맞혀야 해요. 손을 들어 자신이 쓰고 있는 모자의 색을 맞히면 세 명 모두 살 수 있어요. 한 명만 맞히면 돼요. 하지만 한 명이라도 틀리게 말하면 모두 예정대로 사형이에요. 그러니 정확히 모르면 가만히 있어야겠죠.

사형수들은 자신의 모자는 볼 수 없고, 앞사람의 모자만 볼 수 있어요. 그러니까 A는 어떤 모자도 볼 수 없어요. B는 A의 모자만, C는 A와 B의 모자를 전부 볼 수 있어요.

규칙

① 자신의 모자 색은 볼 수 없다.
② 자신보다 앞에 있는 사람의 모자만 볼 수 있다.

시간은 흐르고 각자 최선을 다해 모자 색을 유추해냈어요. 시간이 얼마 남지 않았을 때 A가 손을 들어 자신의 모자 색을 말했습니다. 정답이었어요! A는 뭐라고 대답했을까요? 아무것도 볼 수 없었던 A는 어떻게

자신이 쓴 모자의 색을 맞혔을까요?

이 문제를 푼 사람이 있을까요? 아직

못 풀었다면 같이 생각해보도록 해

요. 결정적인 단서는 B와 C가 대답하지 못했다는 거

예요. 이 단서를 이용해서 풀어봐요.

자, 정보가 제일 많은 C가 대답하지 못했다는 것으

로 앞의 두 사람의 모자가 전부 빨간색은 아니었다

는 점을 알 수 있죠. 만약 두 사람의 모자가 빨간색

이었다면 C는 자신의 모자가 노란색이라는 것을 바

로 알 수 있었을 테니까요. 왜? 빨간색 모자는 두 개

밖에 없었으니까요.

이를 바탕으로 A와 B도 생각할 수 있었겠죠? '우리 둘 다 동시에 빨

간색은 아니다'라고요.

그렇다면 B는 왜 대답하지 못했을까요? 만약에 A의 모자가 빨간색

이었다면 B의 모자는 노란색이었겠죠? (C가 대답하지 못한 것으로 보아)

A와 B의 모자가 동시에 빨간색은 아니었다는 사실을 알고 있잖아요.

따라서 'A의 모자는 노란색'이었다는 거예요. 그러니까 B가 대답하지

못한 거겠죠.

'아하 단서가 되는구나!'

단서 : B, C가 대답을 못했음

- C가 대답 못함 : A, B 동시에 빨간색 X
- B가 대답 못함 : A는 노란색

A의 모자가 노란색이니까 내 모자의 색은 알 수 없어….

그래서 A는 안 거예요. 자신이 쓴 모자가 노란색이라는 것을.

단서: B와 C가 대답하지 못했다

① C가 대답하지 못했다 → A와 B 둘 다 빨간색 모자는 아니다
② B가 대답하지 못했다 → A의 모자는 노란색이다
③ A는 자신의 모자가 노란색이기 때문에 B와 C가 대답하지 못한다는 사실을 알아챈다

이렇게 정리하니까 쉽죠? 이제 이 문제를 수학적으로 차근차근 증명해볼게요. 이렇게 증명하는 이유는 복잡한 문제를 체계적이고 논리적으로 분석할 수 있는 힘을 기르기 위함이에요. 이런 힘이 있어야 문

제 해결 방법을 컴퓨터 프로그램으로 만들 수 있어요. 인공지능이라는 것이 바로 이런 능력을 담아낸 프로그램이죠. 문제 해결 능력을 다른 말로 '컴퓨팅 사고력Computational Thinking'이라고 해요. 인공지능 시대에 꼭 필요한 핵심 능력이에요.

자, A와 B와 C가 어떤 색의 모자를 쓰게 될지 모든 경우의 수를 먼저 생각해봐야겠죠? 그리고 각 경우에 따라 '대답하지 못함'이 무엇을 의미하는지도 알아야 해요.

우선 경우의 수는 몇 가지일까요? 체계적으로 생각해봐요. A는 노란색 아니면 빨간색이겠죠? B는 거기에 더해 노란색(A)-노란색(B), 빨간색(A)-빨간색(B)일수도 있고, 노란색(A)에 빨간색(B), 빨간색(A)에 노란색(B)일 수도 있어요. 이렇게 하면 벌써 네 가지가 경우가 나왔어요.

다음 C는 노란색(A)-노란색(B)-노란색(C), 노란색(A)-노란색(B)-빨간색(C), 노란색(A)-빨간색(B)-빨간색(C)일 수도 있고, 노란색(A)-빨간색(B)-노란색(C), 빨간색(A)-노란색(B)-노란색(C), 빨간색(A)-빨간색(B)-노란색(C), 빨간색(A)-노란색(B)-빨간색(C), 빨간색(A)-빨간색(B)-빨간색(C)일 수도 있어요. 그러면 또 8가지가 되네요. 가지치기 알죠? 이걸 나열해 보면 이런 식이 돼요. $2 \times 2 \times 2 = 8$.

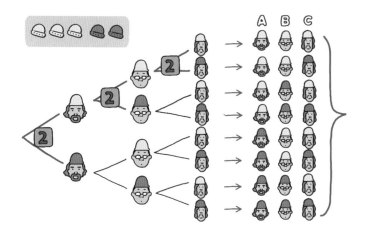

그런데 이 중에 말이 안 되는 게 있죠? 바로 마지막 경우, 빨간색(A)-빨간색(B)-빨간색(C)이에요. 빨간색 모자는 두 개밖에 없다고 했잖아요.

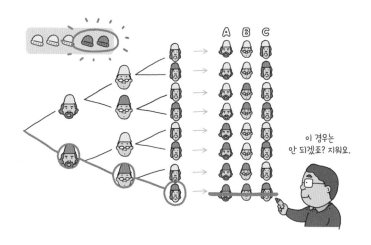

이 경우는
안 되겠죠? 지워요.

그러면 마지막 경우를 제외하고 7가지 중에서 다시 살펴볼까요? 앞의 둘을 보면 바로 알 수 있는 한 가지 경우가 있어요. 이게 아주 중요한 단서죠. 바로 앞선 둘(A와 B)의 모자가 전부 빨간색일 경우예요.

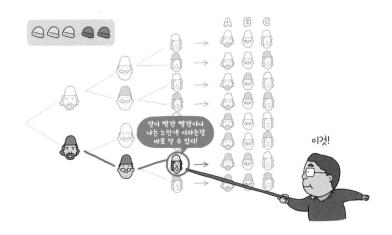

하지만 C가 대답하지 못했으니까 이 경우도 제외해버려야 해요. 그러면 당연히 앞선 B의 모자가 빨간색일 경우도 제외되어야 하고요. 빨간 모자가 아니라는 뜻이니까요. 이제 C의 역할은 끝났어요. A와 B의 경우만 놓고 보세요. 이 뒤는 다 무시하도록 해요.

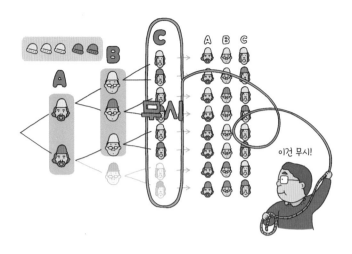

자, 이렇게 해서 딱 세 가지 경우만 남게 됐어요. 남은 세 가지 경우 중에서 A의 모자가 빨간색인 경우, B의 모자는 노란색인 경우 하나뿐 이에요. 그래서 B는 자신의 모자가 노란색임을 바로 알 수 있었어요. 하지만 B가 대답하지 못했으니 A의 모자가 빨간색인 경우도 지워야 해요. 이렇게 해서 B의 역할도 끝났어요.

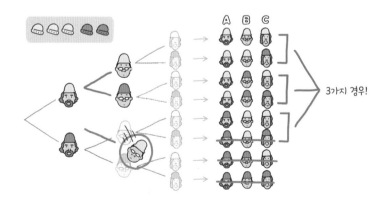

A의 모자는 노란색!

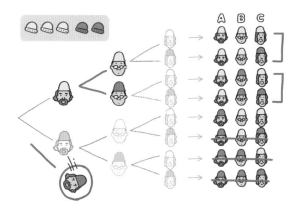

이렇게 논리적으로, 체계적으로 생각하면 돼요. 복잡하게 하나하나 다 볼 필요가 없어요. C의 역할이 끝나면 C를 무시하고, B의 역할이 끝나면 B를 무시하고요. 복잡한 문제를 해결하려면 이렇게 무시가 필요해요. 이번 문제를 적절하게 '무시'해가면서 다시 풀어보세요. 논리력과 수학머리를 키울 수 있는 많은 것이 들어 있어요.

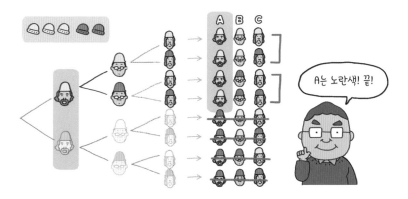

평균, 평평하게
균형을 맞춰라

이번에는 '평균'을 쉽게 배워볼 거예요. 준비됐나요?

수학 시험 세 개의 평균 점수를 내보니 75점이 나왔어요. 첫 번째 시험은 72점, 두 번째 시험은 76점, 세 번째 시험 점수는 알 수 없네요. 과연 세 번째 시험 점수는 몇 점일까요?

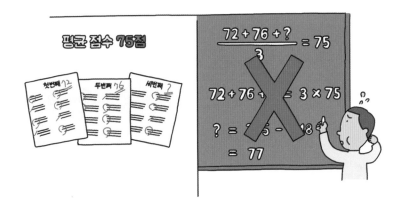

$\frac{72+76+?}{3}=75 \rightarrow 72+76+?=3\times75 \rightarrow ?=225-148=77$ 이렇게 평균 공식을 이용해 풀었나요? 이렇게 하면 안 돼요. 무작정 공식을 외워서 대입하면 안 된다고요. 평균은 평평하게 균형을 맞춘 것이에요. '막대기 5개 길이의 평균을 구하라'고 하면 일단 평평하게 맞춰요. 큰

것을 작게 하고, 작은 것은 크게 하고, 서로 주고받으면서 평평하게!
바로 이것이 평균이에요.

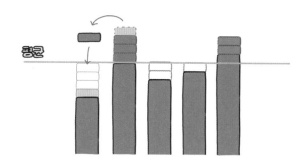

이제 수로 알아볼게요. 39, 32, 34의 평균을 구해볼게요. 39가 32에게
3개를 주면 39는 3이 줄고 32는 3이 늘었어요. 또 39가 34에게 1을
주니 39는 1이 줄고 34는 1이 늘었어요. 이제 평평해졌어요. 모두 35
가 됐으니까요.

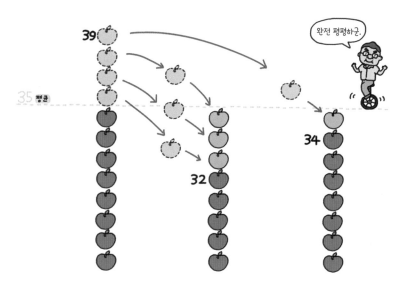

35보다 큰 것은 줄었고 35보다 작은 것은 늘어났죠? 줄어든 것과 늘어난 것이 서로 맞아 떨어졌어요. 다시 말해 각각 평균과의 차들이 서로 합해져서 없어져 버린 거죠. 39는 평균과의 차가 4. 32는 평균과의 차가 3이 아니고 -3. 모자라니까요. '기준'이 있는 차이죠? 기준은 바로 '평균'. 34는 평균과의 차가 -1. 평균과의 차들을 전부 합하면 0이에요.

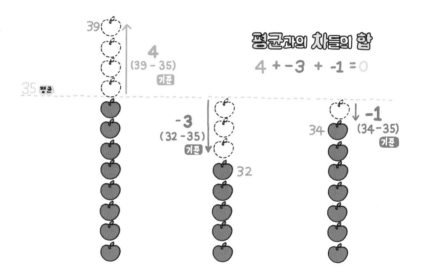

물론 이 3개를 평평하게 하려면 전체를 몽땅 더해서 셋으로 균등하게 나눠줘도 되겠죠. 수학식으로 써보면 $\frac{39+33+34}{3}$ 이고요. 그래서 평균 공식이 나온 거예요. 하지만 무작정 이렇게 할 필요는 없어요. 평균이란 차이들의 합이 0이란 뜻이에요. 여기서 차이는 기준(평균)이 있는 차이란 것이고요.

처음 이야기한 문제를 다시 보면 시험 점수의 평균이 75라고 나와 있어요. 자, 차이들을 구해봐요. 첫 번째 시험 점수 72는 모자라니까 -3, 두 번째 시험 점수 76은 +1, 세 번째 시험 점수는 2가 더 있어야겠죠? 75에 +2, 그럼 77! 너무 쉽죠?

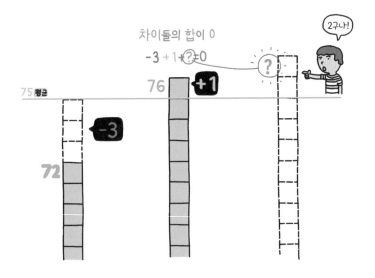

자, 여기서 만일 네 번째 시험을 95점 맞으면 평균은 어떻게 변할까요? 우리가 이전 평균은 75라고 알고 있잖아요? 그럼 어차피 평평하게 만드는 거니까 95에서 75를 빼고 남은 부분, 20만 나눠주면 되겠죠? 20을 골고루 나눠줘요. 4로 나누면 골고루 나눠 갖게 되겠죠? 그럼 평균이 5점 올라가네요.

의미를 꿰뚫으니 평균 구하기 너무 쉽죠?

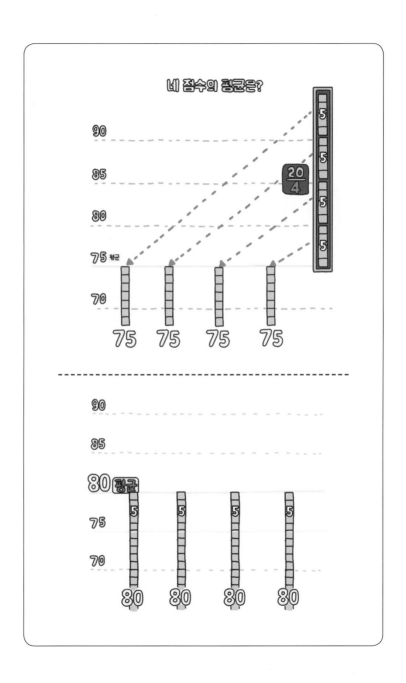

이제 자신감이 생겼나요? 그럼 응용 문제를 한번 풀어보도록 해요. 다음 7명의 평균 키를 구해보세요. 여기서 힌트는 '모르는 것을 안다고 하는 것'이에요. 가짜 평균을 만드는 거죠.

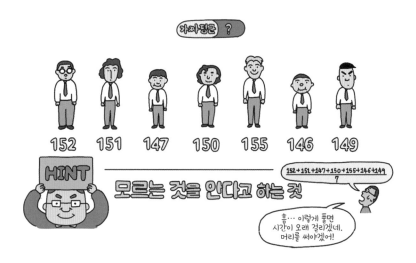

그렇죠, 일단 보니까 대충 150 정도로 생각되죠? 이제 7명의 키가 평균 키 150과 얼마나 차이 나는지만 생각하면 되겠네요. 다음 그림처럼 3과 -3을 없애고, -1과 +1을 없애면 딱 0. 그러니까 150은 진짜 평균인 것을 알 수 있어요.

만일 이 문제에서 마지막 사람의 키가 149가 아니라 156인 사람이 있다고 하더라도 평균이라고 추정한 150과의 차이들을 살피면 차이들의 합이 7이 되는 것을 알 수 있어요. 그럼 150이 평균이 된 상태에서 7이 남으니까 1씩 골고루 나눠 가지면 되겠죠? 7명에게 1씩 나누어지면 7명의 키가 1씩 늘어나니까 평균은 151이 돼요.

이렇게 평균은 주고받으면서 '평'평하게 '균'형을 맞추라는 의미로 이
해하면 쉬워요. 다시 말해 평균과 (평균과의) 차이들을 모두 합하면 0
이 되는 것이에요. 여기서 차이라는 것은 평균보다 크면 +, 작으면 −.
평균이 기준이죠. 그래서 모두 합하면 0. 차이들의 합이 0보다 큰 수
라면 그 수를 다시 골고루 나눠주면 돼요.

이렇게 하는 것이 전체를 다 더해서 평균을 구하는 것보다 훨씬 쉽게
답을 낼 수 있어요. 게다가 평균과의 차이, 즉 '편차'에 대한 개념이 생
겨서 나중에 통계에 대해 배울 때 훨씬 쉽게 이해할 수 있게 돼요.

산술평균, 기하평균?
더하기 평균, 곱하기 평균!

뉴스나 신문기사에 자주 나오는 수학 용어 중 하나가 '평균'일 거예요. '한국인의 평균 수명', '연평균 경제 성장률', '왕복 평균 속도' 같은 말 많이 들어봤죠? '평균'하면 우리는 흔히 여러 수치의 합을 나눈 것, 그 하나로만 생각하기 쉬운데, 알고 보면 평균에도 여러 종류가 있어요. 그것들은 서로 어떻게 다를까요?

평균에는 산술평균, 기하평균, 조화평균 등이 있어요. 산술평균은 평균 수명, 평균 키, 평균 성적처럼 우리가 일상생활에서 흔히 사용하는 평균이에요. 우리가 가장 일반적으로 생각하는 개념의 평균이죠. 평균의 대표선수라고 볼 수 있어요. 기하평균은 연평균 경제 성장률, 연평균 이자율 등을 말할 때 사용돼요. 비율이 들어갈 때 많이 쓰이죠. 다시 말해 평균 '몇 배'를 의미하는 게 기하평균이에요. 조화평균은 왕복 평균 속력 등을 말할 때 쓰여요. 음악에서 하모니를 만들 때 쓰는 평균에서 조화평균이라는 이름이 유래한 것이죠.

이제 좀 더 쉽게 설명해볼게요. 우선 산술평균과 기하평균에 대해서 집중적으로 알아볼게요. 간단하게 말하면 산술평균은 '더하기 평균'이고, 기하평균은 '곱하기 평균'이에요. 어째서일까요? 이제부터 그 의미를 확실히 알아보기로 해요.

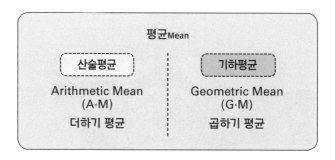

먼저 평균은 '여러 개'가 있을 때 의미가 있어요. 여러 개가 없다면 평균을 구하는 의미가 없는 것이니까요. 우선 '두 개'일 때 평균을 구해볼게요. 자, 여기 막대기 두 개가 있어요. 하나는 짧고(빨간색) 하나는 길어요(파란색). 이 두 막대의 평균은 얼마일까요?

먼저 산술평균을 구해볼게요. 이걸 이미지로 한번 생각해볼까요? 두 개의 수가 바로 두 개의 길이죠? 막대 두 개를 더해봐요. 그다음 더한 전체의 길이는 못 움직이게 꽉 고정하고, 이 안에서 막대들을 움직여 봐요. 평균은 작은 것보다는 크고, 큰 것보다는 작죠? 물론 둘이 같으면 그게 평균이고요.

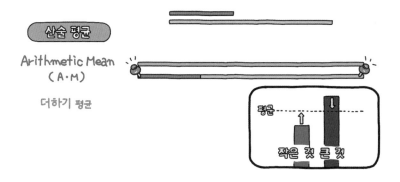

이게 바로 산술평균이에요. 두 막대의 평균을 구하기 위해 짧은 막대는 늘어나고, 긴 막대는 줄어들었어요. 그렇게 같아지는 평균이 바로 산술평균이에요.

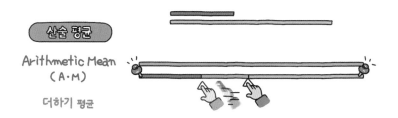

이제 기하평균을 구해볼까요? 기하평균은 곱하기 평균이라고 했어요. 그러니 두 개의 곱을 같게 하고 작은 것은 크게, 큰 것은 작게 만들어요. 깨봉 수학에서 '곱하기는 직사각형'으로 표현해요. 직사각형 넓이를 고정하고, 즉 '곱을 일정'하게 하고 이 넓이를 유지하면서 직사각형 모양을 움직여볼게요.

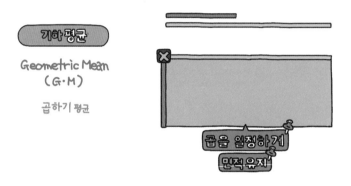

짧은 막대가 늘어나고 긴 막대는 줄어들면서 두 막대의 길이가 딱 같게 됐어요. 이것이 바로 기하평균이에요.

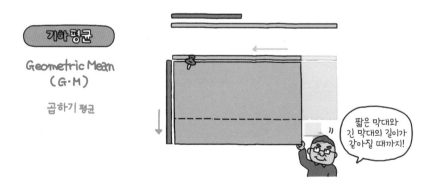

두 막대의 길이, 즉 가로와 세로의 길이가 같으니까 정사각형이 되겠죠?

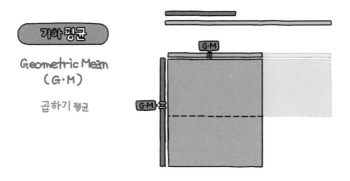

왜 기하평균이라는 이름을 가지게 되었는지 눈치챘나요?

아까 깨봉 수학에서는 곱하기를 직사각형으로 표현한다고 했어요. 직사각형은 '모양'이죠. 영어로는 지오메트리Geometry라고 해요. 그래서 기하평균은 영어로는 지오메트릭 민Geometric Mean이라고 해요. 이 영어를 중국에서 발음 '지흐어'만 따서 한자 '기하幾何'를 만들었어요. 그래서 우리도 기하평균이라고 하게 된 것이죠. 이름도 맞지 않고 뜻도 맞지 않는 용어를 쓰고 있다는 게 정말 안타까운 일이죠.

그래서 우리는 기하평균 대신 '지오평균'이라고 할 거에요. 지오평균이라고 하니까 지오메트리, 직사각형이 바로 생각나니 '곱하기'도 바로 떠올릴 수 있겠죠?

그러면 이제 수들을 가지고 산술평균과 지오평균을 구해보는 연습을 해볼게요. 2와 8의 산술평균과 지오평균을 구해보도록 해요. 짧은 막대를 2, 긴 막대를 8이라고 하면 산술평균은 2와 8을 더한 수인 10의 중간, 5가 돼요. 다시 말해서 2와 8을 합한 것의 반, 수식으로는 $\frac{2+8}{2}$ 이에요. 산술평균의 2배(2×5)는 두 수의 합(2+8)이고요.

짧은 막대를 a, 긴 막대를 b라고 하면 a+b가 합이고, 산술평균은 이것을 반으로 나눈 것, $\frac{a+b}{2}$예요. 산술평균의 2배(2×A·M)는 a+b라는 것도 알 수 있어요.

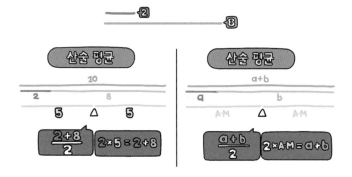

이제 지오평균을 알아볼까요? 세로가 2, 가로가 8이면 곱이 16, 즉 넓이가 16이에요. 넓이를 그대로 유지하면서 움직이다가 정사각형이 될 때가 바로 지오평균!

그러니까 지오평균은 16짜리 정사각형의 뿌리, 4예요. 같은 말로 지오평균(4)의 제곱은 두 수의 곱(2×8). 세로가 a, 가로가 b라고 하면 지오평균은 정사각형의 넓이 ab. 그것의 뿌리는 $\sqrt{ab}$, 끝!

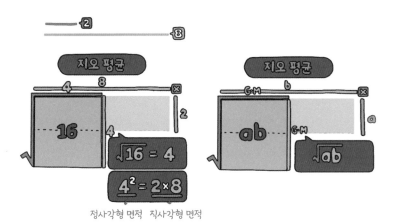

정사각형 면적   직사각형 면적

산술평균과 지오평균을 비교해볼게요. 작은 수 2와 큰 수 8의 산술평균을 구할 때, 2와 8은 가운데에 있는 평균 5와 똑같이 3씩 차이가 나요. 이 차이는 평균과의 차이이니까 깨봉 수학에서는 간단히 '평차'라고할게요. 평차는 당연히 두 수 차이의 반이니($\frac{8-2}{2}$), 두 수 2와 8은 각각 평균에서 평차 3을 더한 것과 뺀 것이에요. 또는 작은 수 2에서 평차 3을 더하고, 또 한 번 평차 3을 더하면 큰 수가 나오겠죠? 2+3+3=8이잖아요. 이런 수의 나열을 등차수열이라고 해요. 평차가 바로 등차죠. 일정한 값을 더해서 생기는 수열이 바로 등차수열이에요.

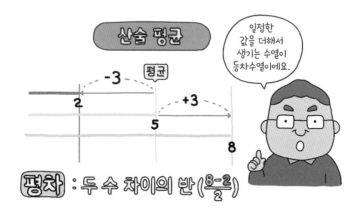

이제 지오평균을 볼게요. 산술평균에서는 '+', '-(차이)' 이런 것이 있었는데, 지오평균에서는 '×', '÷(몇 배)' 이런 것이 있겠죠. 2와 8은 지오평균 4에서 같은 수 2로 나눈 것(4÷2=2)과 곱한 것(4×2=8)이에요.

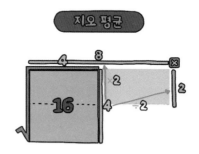

작은 수 2에 같은 수 2를 곱한 뒤(그러면 지오평균 4가 됨) 또 한 번 곱하면 큰 수 8이 돼요. 이렇게 같은 수를 계속 곱하면서 생기는 수열을

등비수열이라고 해요. '등비'에서 등은 같다는 뜻이고 비는 비율Ratio이라는 뜻이죠. 다음 수는 그 앞 수의 '몇 배(공비)'를 알고 나서 똑같이 몇 배씩 하니까 등비수열인 거예요.

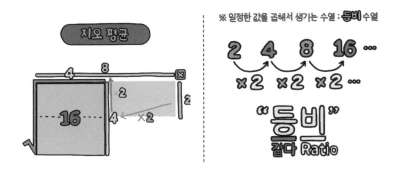

이렇게 평균에 대해서 알아봤어요. 더하기와 곱하기의 기초적인 개념을 꿰뚫고 있으면 평균을 구하는 과정이 어렵지 않아요. 지금 배운 것들을 잘 되새겨보고 머릿속에 꼭꼭 넣어두세요.

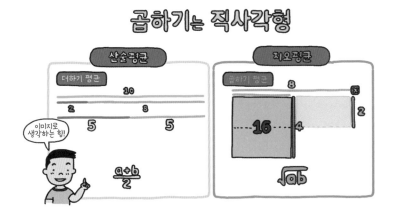

자, 다시 한번 정리해볼까요? 평균은 작은 것보다는 크고, 큰 것보다는 작아요. 산술평균과 지오평균은 더하기vs곱하기, 길이vs넓이, 합의 반($\frac{a+b}{2}$)vs곱의 뿌리($\sqrt{ab}$)로 이해할 수 있겠죠. 이렇게 제대로 알아두면 일상생활에서 평균을 구할 일이 있을 때 누구보다 쉽고 빠르게 구할 수 있을 거예요.

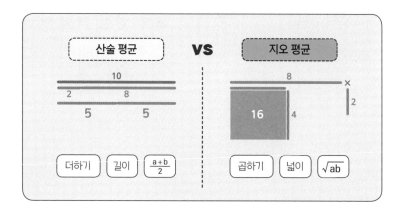

머리 아픈 소금물 농도 문제, 평균으로 풀면 쉽다

우리를 짜증나게 하는 대표적인 문제로 '소금물 농도 구하기'가 있죠? 농도를 구하는 공식은 잊어버리기 쉬워요. 수식도 그렇지만, 식을 푸는 과정도 어렵거든요. 그러면 어떻게 풀면 좋을까요?

먼저 문제를 하나 내볼게요.

"23%의 소금물과 31%의 소금물을 섞었더니 25%의 소금물이 되었어요. 23%의 소금물 양이 6L일 때, 31%의 소금물 양은 과연 몇 L일까요?"

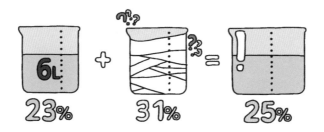

이런 문제를 봤을 때, 보통은 이렇게 풀지요.

'농도 구하는 공식이 $\frac{\text{소금양}}{\text{소금물}}$ 이지? 31% 소금물의 양을 x라고 하면 양쪽의 소금양은 $6 \times 23\% + x \times 31\%$이고 이것을 합한 소금물의 양은

$6 + x$ 구나. $25\% = \frac{6 \times 23\% + x \times 31\%}{6 + x}$ 이고…' 하는 식으로요. 하지만 이렇게 공식에 묶인 채 문제를 풀면 절대 안 돼요.

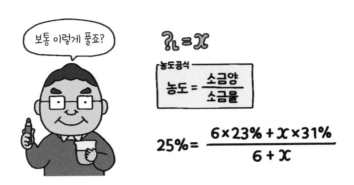

'어떻게 하면 쉽게 풀 수 있을까?'를 생각해야죠. 그래야 수학머리가 좋아져요. 무작정 공식으로 푸는 것이 좋지 않은 이유는 이렇게 수학머리가 좋아질 기회를 없애버리기 때문이에요. 설령 '나는 답만 맞히면 돼'라고 해도 더 쉽게, 더 좋은 방법으로 더 빨리 풀면 좋잖아요? 오히려 공식에 갇혀버리면 고정관념에 사로잡혀 답을 빨리 낼 수도 없어요. 자, 그럼 어떻게 해야 쉽고 빠르게 풀 수 있을까요? 그 방법을 같이 알아봐요.

먼저 다음 문제를 한번 풀어보세요.

"중간고사에서 여섯 과목을 23점 받았고, 다른 과목들을 31점 받아 중간고사 평균 점수가 25점이 되었어요. 그렇다면 31점을 받은 과목은 몇 개일까요?"

뭔가 익숙하지 않나요? 앞서 보았던 소금물 문제와 같다고 볼 수 있어요. 어째서 그럴까요? 23점이란 점수가 전체 100점에서 차지하는 비율Ratio인 것처럼 23%라는 소금물도 전체 소금물 100% 중에서 소금이 차지하는 비율을 뜻하기 때문이에요. 2개의 소금물을 섞은 소금물의 농도가 25%라는 것도 평균 점수 25점으로 바꿔 생각할 수 있죠.

23%의 소금물과 31%의 소금물을 **섞었더니 25%**의 소금물이 되었다
23%의 소금물 양이 **6L**일 때 31%의 소금물 양은?

오 진짜네~

23% → 23점   6L → 6과목   섞어서 25% → 평균 25점

전체 소금물 100%에서   전체 100점에서
소금이 차지한 것   맞은 점수

중간고사에서 **6과목을 23점**
다른 과목들에서 31점을 받아, 중간고사 **평균 점수가 25점**이 되었다
31점을 받은 과목은 몇 과목일까요?

2개의 소금물을 섞은 소금물을 1L씩만 꺼내 농도를 측정해보면 전부 25%라는 것을 알 수 있어요.

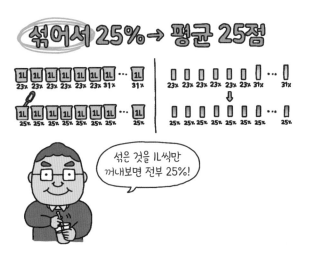

이 문제는 평균으로 풀 수 있어요. 앞서 평균의 의미를 배웠잖아요? 평균이란 평평하게 균형을 맞추는 것! 이제 감이 잡히나요? 다시 문제로 돌아가 볼게요.

평균이 25점이니까 23점은 평균 점수보다 2점 모자라고, 총 6과목이니까 2 곱하기 6은 12. 12점이 모자라네요. 그러면 평균보다 큰 점수인 과목에서 12점을 채워줘야겠죠?

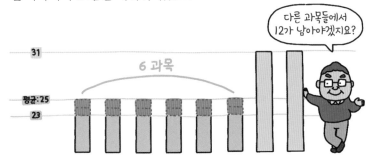

평균보다 큰 점수인 31점은 평균보다 6점이 크니까 12점을 채우려면 두 개는 있어야겠네요. 따라서 31점을 받은 과목은 두 과목이에요. 소금물로 이야기하면 소금물 2L. 끝!

공식 없이도 매우 쉽게 풀 수 있죠? 소금물 농도를 구하는 문제처럼 보이지만 사실 알고 보면 핵심은 '평균'이에요.

많은 사람들이 퍼센트(%)를 수보다는 기호처럼 느껴요. 하지만 퍼센트는 $\frac{1}{100}$ 이라는 수일 뿐이에요. 23%는 $\frac{1}{100}$ 이 23개라는 뜻이에요. 그래서 앞서 소금물의 농도를 시험 점수로 바꿔 생각해서 평균을 구하는 과정으로 풀 수 있었어요.

이번에는 속력과 시간 구하기 문제로 바꿔볼게요.

"6시간 동안 시속 23km로 달리고 나서 그다음 몇 시간 동안 시속 31km로 달렸더니, 평균 속력이 시속 25km가 되었어요. 시속 31km로 달린 시간은 몇 시간일까요?"

이 문제, 혹시 이렇게 풀고 있나요?

'속력은 $\frac{거리}{시간}$ 로 구할 수 있어. 시속 31km로 달린 시간을 x로 놓아야 겠지? 거리부터 구하자. 거리＝속력×시간이니까, 거리＝$6×23+x×31$이고 시간은 $6+x$구나⋯' 이렇게 풀면 안 돼요. 이 문제도 훨씬 쉽게, 5초 만에 풀 방법이 있으니까요.

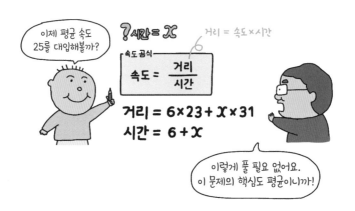

이 문제를 속력 문제로 생각해서 공식으로 풀면 복잡해요. 속력을 점수로, 시간을 과목으로 바꿔 생각하면 돼요. 이제 똑같은 문제라는 것이 눈에 보이나요? 그러면 앞서 평균을 구한 문제와 똑같다는 것이 눈에 보이죠? 그렇게 대입해서 풀면 정답은 2시간!

23%의 소금물과 31%의 소금물을 섞었더니 25%의 소금물이 되었다
23%의 소금물 양이 6L일 때 31%의 소금물 양은? 정답: 2L

23%, 23점, 23km/h
답도 2L, 2과목, 2시간(h)

중간고사에서 6과목을 23점
다른 과목들에서 31점을 받아, 평균 점수가 25점이 되었다
31점을 받은 과목은 몇 과목일까? 정답: 2과목

6시간 동안 시속23km로 달리고 나서
그다음 몇 시간 동안 시속 31km로 달렸더니, 평균 속력이 시속 25km가 되었다
시속 31km로 달린 시간은 몇 시간인가? 정답: 2시간(h)

속력 관련 공식, 농도 관련 공식은 아무런 의미가 없어요. 핵심을 꿰뚫으면 전부 평균 문제라는 것을 알 수 있죠.

무작정 공식을 외우는 것이 얼마나 생각을 단순하게 만드는지, 얼마나 고정관념에 사로잡히게 하는지 알겠죠? 문제가 복잡하고 어려운 이유는 핵심을 꿰뚫지 못했기 때문이에요. 어떤 문제든 핵심을 꿰뚫으면 복잡하지 않아요. 공식을 잘 외우고 그 공식을 잘 사용하는 것이 수학을 잘하는 게 아니에요. 내가 아는 것, 쉬운 것으로 바꿔 생각할 수 있어야 진짜 수학을 잘하는 거예요. 인공지능 세상에서 살아남으려면 어떻게 하면 이 문제를 쉽게 풀 수 있는지, 그리고 왜 그렇게 푸는지 계속 생각하세요. 그래야 자유자재로 응용할 수 있어요.

슬기로운 금융 생활이 쉬워지는 이자 알기

주위를 둘러보세요. 살아 있는 것들은 모두 계속해서 자라난다는 사실을 알 수 있어요. 아이의 키도 자라고, 나무도 자라죠. 돈도 자라난다는 사실, 알고 있나요? 이 사실을 알면 돈도 무럭무럭 자라나도록 키울 수 있어요. 돈을 마치 살아 있는 생물처럼 생각하는 것, 이것이 슬기로운 금융 생활의 시작이에요.

돈에 관한 중요한 기초지식, 돈을 불리는 가장 기본적인 방법 '이자'에 대해 알고 있어야 해요. 이자라는 개념을 아는 것은 재테크의 시작이자 금융 생활의 기본이에요.

보통 이자라고 하면 여러분이 은행에 돈을 저축하거나 맡기고 나서 은행이 주는 혜택으로 생각하죠? 그렇게 생각하지 마세요. 발상의 전환이 필요해요. 적금은 내가 은행에 돈을 빌려주고 당당하게 이자를 받는 거예요. 이자에 관한 지식이 풍부하면 내게 유리한 은행을 직접 선택할 수도 있죠. 내가 금융 생활의 주체가 되는 거예요.

'연 2.8% 정기예금 특별판매', '수시입출금 보통예금 연 4% 상품 출시', '정기예금 상품 연 5%' 같은 광고문구 많이 보았죠? '연 2.8%', '연 4%', '연 5%' 중 연 5%를 예로 들어 설명해볼게요.

먼저 '%(퍼센트)'는 100분의 1을 의미해요. 따라서 연 5%라는 말은 100원당 5원의 이자가 붙는다는 말이죠. 100만 원을 저축하면 이자가 5만 원, 1억 원을 저축하면 이자가 500만 원 생긴다

는 거예요. 그래서 우리가 보통 이자라고 하는 5%는 정확하게는 '이자율'을 의미해요. 내가 저축하는 원금에 따라 이자가 달라지니까 이자율은 원금과 이자의 '관계'를 알려주는 것이네요.

$$\text{연 } 5\% \quad \text{이자율} = \frac{\text{이자}}{\text{원금}}$$

원금		이자
100만 원	×5% →	5만 원
1억 원	×5% →	500만 원

이때 수학 지식 한 가지, '수에도 용도가 있다'를 떠올리면 좋아요. '5만'처럼 얼마나 많은지 양을 직접적으로 나타내는 독립적인 수가 있는 반면 $\frac{1}{2}$, $\frac{3}{4}$처럼 다른 것에 붙어 의미를 드러내는 종속적인 수가 있어요. "우리 반 아이들의 $\frac{1}{2}$ 이 안경을 썼어", "우리 반 학생 100명 중 $\frac{3}{4}$ 이 김치를 좋아해" 같은 말을 떠올려보세요. 이렇게 종속적인 수에는 일반적으로 곱하기라는 개념이 숨어 있죠. 분수에서 나온 개념인 퍼센트도 항상 종속적으로 쓰여요. "우리 반 아이들의 20%", "천 명 중 한 명" 같은 말을 떠올려보세요.

이렇게 수의 개념은 어떻게 쓰이는지 그 용도를 잘 알면 금방 이해할 수 있어요.

'이자율'도 사실 '원금의'라는 말이 항상 따라붙는, 이자와의 관계를 나타내는 비율이자 종속적인 개념이에요.

다시 '연 5%'로 돌아와서, 이번엔 '연'이라는 말에 집중해볼게요. 연은 '기간'을 나타내는 말이에요. 연 5%는 '1년에' 5%가 (원금의) 이자로 붙는다는 의미를 가지고 있어요.

만약 10,000원을 2년 동안 맡긴다고 하면. 이 돈을 맡긴 지 1년이 지난 후에는 원금의 5%, 500원이 이자로 붙어요. 그리고 다시 1년 후에는 이 돈(10,500원)에 5% 이자가 붙게 되죠. 만약 누군가 내게 "월 1%를 받을 거예요, 아니면 연 12%를 받을 거예요?" 물으면 당연히 월 1%를 선택해야 해요. 이렇게 금융 생활에서는 기간이라는 개념이 매우 중요해요. 그리고 이자율을 나타낼 때는 일반적으로 1년 단위가 기본이에요.

"은행에 내 돈을 예금할 때는 이자를 2% 받는데, 왜 은행에서 돈을 빌릴 땐 5%를 이자로 낼까?" 의문이 들 수 있겠죠? 내가 은행에게 돈을 빌려주고 받는 이자는 2%밖에 안 되는데, 은행이 나에게 돈을 빌려주고 받아가는 이자는 5%나 된다는 게 억울할 수 있어요. 3%나 차이 나네요. 왜 그럴까요?

바로 '위험도' 때문에 그래요. 이 같은 3% 차이는 내가 돈을 갚지 않을 확률이 은행보다 3%p 높다는 것을 의미해요. 이자율은 위험도에 따라 결정돼요. 은행과 개인 중 누가 망하기 쉬울까요? 다시 말해 누가 돈을 갚지 못하게 될 확률이 높을까요? 이때의 위험도가 곧 이자율 차이를 결정하게 되죠. 수학적으로 설명해볼게요.

그룹 A의 구성원 100명에게 1만 원씩 빌려줬다고 가정해볼게요. 1년 후, 2명이 돈을 갚지 못했어요. 100명 중 2명이면 2%죠? 위험도가 2%인 것이니까 100명의 사람들은 그 2%에 해당하는 이자를 똑같이 분담하는 거예요. 그럼 원금이 그대로 보존되겠죠? 98+(100×2%)=100이잖아요.

또 다른 그룹 B를 살펴볼게요. B의 구성원 100명 중 5명이 돈을 갚지 못했어요. 100명 중 5명이니까 5%, 이 그룹의 위험도 5%가 이 그룹에서 내야 할 이자를 의미해요. 어렵지 않죠?

여러분은 어느 그룹에 속하고 싶나요? 이자는 적게 내고 받는 돈은 많으면 좋겠죠? 슬기로운 재테크를 위해서는 위험도가 낮은 그룹에 속해 있어야겠죠. 어떻게 하면 될까요?

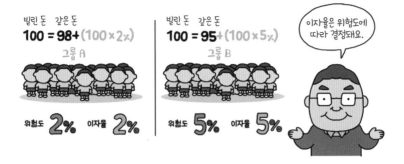

나의 신용도를 높이는 기록을 만들어야 해요 신용도를 높이면 당연히 위험도는 낮아지겠죠. 신용도를 높이는 방법은 내가 돈을 잘 갚는다는 (은행이 볼 수 있는) 기록을 남기는 것이에요. '연체 없이 신용카드 잘 쓰기'를 예로 들 수 있어요.

신용도는 개인에게만 해당하는 것이 아니에요. 기업도, 국가도 신용도를 갖고 있어요. 또 이런 신용도를 측정하는 기관들이 따로 있죠. 그 기관에서는 데이터를 모아서 신용도를 분석해요. 우리나라의 신용도는 어떨까요? 꽤 좋은 편이에요. 중국이나 일본 보다도 높아요. 만약 우리나라와 일본, 중국이 IMF에 똑같은 돈을 빌린다고 하면 우리가 이자를 가장 적게 내요. 우리나라의 신용도가 두 국가의 신용도보다 높으니까요. 그래서 나라의 신용도는 매우 중요해요. 국가의 빚은 다 개인의 세금이 되잖아요. 신용도가 높으면 우리의 세금도 절약되는 것이죠. 개인이든 나라든 신용도는 곧 경쟁력이에요. 안타깝게도 우리나라의 신용도를 낮추는 것에는 남북 대치 상황이라는 전쟁의 위험도가 있어요. 우리나라가 전쟁 위험이 없는 평화로운 상황을 만들어내면 신용도가 더 올라갈 거예요.

슬기로운 금융 생활에 필요한 가장 기본적이고 또 중요한 것들을 배웠어요. 이자율, 기간, 위험도, 신용도를 잊지 마세요.

수학이 막히면
깨봉 수학

초판 1쇄 2021년 6월 25일
초판 9쇄 2024년 8월 21일

지은이 조봉한
펴낸이 허연
펴낸곳 매경출판㈜
책임편집 서정욱
마케팅 김성현 한동우 구민지
디자인 이은설
일러스트 그림요정더최광렬

매경출판㈜
등록 2003년 4월 24일(No. 2-3759)
주소 (04557) 서울시 중구 충무로 2(필동1가) 매일경제 별관 2층 매경출판㈜
홈페이지 www.mkbook.co.kr
전화 02)2000-2634(기획편집) 02)2000-2636(마케팅) 02)2000-2606(구입 문의)
팩스 02)2000-2609 **이메일** publish@mk.co.kr
인쇄 · 제본 ㈜M-print 031)8071-0961
ISBN 979-11-6484-294-0(03410)